今すぐ使えるかんたんmini

Imasugu Tsukaeru Kantan mini Series

Excel
文書作成
基本&便利技

Excel 2019/2016/2013/Office 365 対応版

Excel Documents Making

技術評論社

本書の使い方

- 画面の手順解説だけを読めば、操作できるようになる!
- もっと詳しく知りたい人は、補足説明を読んで納得!
- これだけは覚えておきたい機能を厳選して紹介!

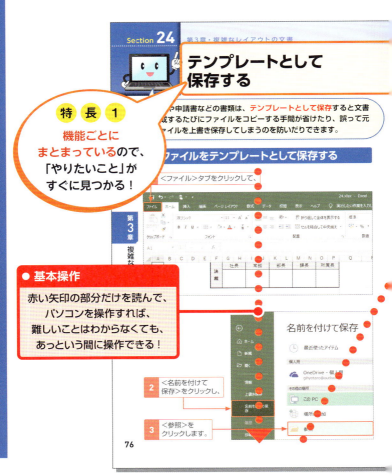

特長 1
機能ごとにまとまっているので、「やりたいこと」がすぐに見つかる!

● 基本操作
赤い矢印の部分だけを読んで、パソコンを操作すれば、難しいことはわからなくても、あっという間に操作できる!

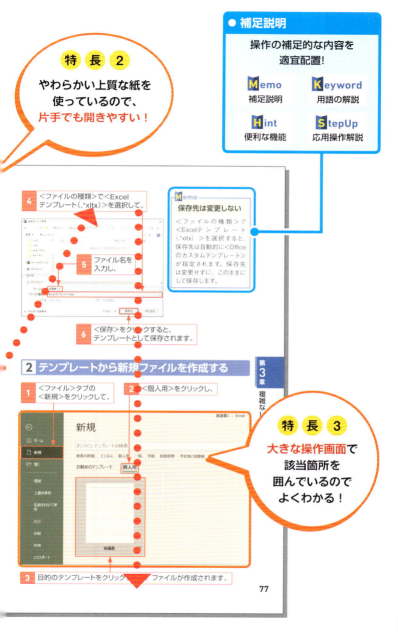

サンプルファイルのダウンロード

- 本書で使用しているサンプルファイルは、以下のURLのサポートページからダウンロードすることができます。ダウンロードしたときは圧縮ファイルの状態なので、展開してから使用してください。

```
http://gihyo.jp/book/2019/978-4-297-10915-8/support
```

▼ サンプルファイルをダウンロードする

1 ブラウザー（ここではMicrosoft Edge）を起動します。

書籍案内 » 今すぐ使えるかんたんmini　Excel文書作成　基本＆便利技［改訂4版］ »

2 ここをクリックしてURLを入力し、[Enter]を押します。

3 表示された画面をスクロールし、＜ダウンロード＞にある＜サンプルデータ＞をクリックすると、

ダウンロード

本書のサンプルファイルをダウンロードできます。

データは圧縮ファイル形式でダウンロードできます。本書のP.4～5をご覧いただき，適宜展開してご利用ください。

ダウンロード
第2章サンプルデータ

4 ファイルがダウンロードされるので、＜開く＞をクリックします。

chapter02.zip のダウンロードが完了しました。　　　開く　フォルダーを開く　ダウンロードの表示　×

▼ ダウンロードした圧縮ファイルを展開する

1 エクスプローラーの画面が開くので、

2 表示されたフォルダーをクリックし、デスクトップにドラッグします。

3 展開されたフォルダーがデスクトップに表示されます。

4 展開されたフォルダーをダブルクリックすると、

5 各ファイルが表示されます。

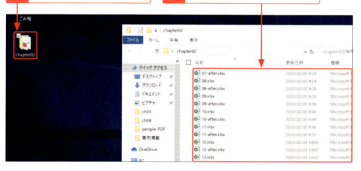

Memo

サンプルファイルのファイル名

サンプルファイルのファイル名にはSection番号が付いています。「10.xlsx」というファイル名はSection 10のサンプルファイルであることを示しています。また「10-after.xlsx」のように、ファイル名のあとに「after」の文字が入っているファイルは、操作後のファイルを示しています。なお、Sectionによってはサンプルファイルがない場合もあります。

CONTENTS 目次

第1章 Excelによる文書作成とは

Section 01 Excelで文書を作成するメリット ································ 16
表をかんたんに作成できる
数式や関数を利用できる
入力欄以外を保護できる
入力時のルールを設定できる

Section 02 Excelで文書を作成するときのポイント ···················· 18
ページの区切りを目安に作成する
セルをレイアウトに利用する
データの入力を効率的に行う
データの表記を統一させる

Section 03 本書で作成する文書 ···································· 20
第2章　案内状
第3章　稟議書/チラシ
第4章　見積書/アンケート
第5章　名簿

第2章 標準的な構成のビジネス文書

Section 04 2章で作成する文書 ···································· 24
案内状を作成する
文書作成のポイント

Section 05 基本的なビジネス文書の構成 ························ 26
ビジネス文書の基本構成

Section 06 印刷の向きと用紙のサイズを設定する ·············· 28
印刷の向きを指定する
用紙のサイズを指定する

Section 07 日付、宛名、差出人を入力する ···················· 30
日付を入力する

宛名と差出人を入力する

Section 08 タイトルを入力する 32
タイトルのスペースをつくる
タイトルを入力する

Section 09 本文を入力する 34
本文のスペースをつくる
本文を折り返して表示する
改行しながら本文を入力する

Section 10 箇条書きを入力する 38
「記」を入力する
箇条書きの項目名と内容を入力する
列の幅を調整する
文字列の配置を変更する

Section 11 本文と箇条書きの行間を調整する 44
本文の行間を調整する
箇条書きの行間を調整する

Section 12 書式を変更する 48
文書全体のフォントを変更する
タイトルの書式を変更する

Section 13 日付を和暦で表示する 50
日付の表示形式を変更する

Section 14 差出人と結語を右揃えにする 52
文字列を右揃えに配置する

Section 15 文書を保存する 54
名前を付けて保存する

Section 16 PDF形式で保存する 56
ファイルをPDF形式で保存する

CONTENTS 目次

Section 17 文書を印刷する··**58**
印刷プレビューを確認する
印刷を実行する

第3章 複雑なレイアウトの文書

Section 18 3章で作成する文書·· **62**
稟議書とチラシを作成する
文書作成のポイント

Section 19 今日の日付を表示する·· **64**
関数を使って現在の日付を表示する

Section 20 日付を「○○○○年○月○日」形式で表示する·········· **66**
日付の表示形式を変更する

Section 21 文字を縦書きにする·· **68**
セルの文字を縦書きにする

Section 22 押印欄を罫線で囲む·· **70**
押印欄に罫線を設定する

Section 23 セルの塗りつぶしの色を変更する······························ **74**
セルに色を設定する

Section 24 テンプレートとして保存する····································· **76**
ファイルをテンプレートとして保存する
テンプレートから新規ファイルを作成する

Section 25 ワードアートで印象的なタイトルにする······················ **78**
ワードアートを挿入する
ワードアートの書式を変更する
ワードアートを移動する

Section 26 画像を挿入する·· **82**
パソコンに保存されている画像を挿入する

8

Section 27 **画像を編集する**……………………………………**84**
画像の明るさとコントラストを調整する
画像の一部を切り抜く
画像の位置とサイズを変更する
画像とワードアートの重なり順を変更する

Section 28 **テキストボックスで文字を配置する**…………………**90**
テキストボックスを作成する

Section 29 **テキストボックスの書式を変更する**…………………**92**
テキストボックスの文字の書式を変更する
テキストボックスを移動する

Section 30 **記号や特殊文字を入力する**………………………………**94**
電話の記号を入力する

Section 31 **グラフを挿入する**………………………………………**96**
グラフを作成する
グラフ位置とサイズを変更する

Section 32 **グラフを見やすく編集する**………………………………**100**
グラフタイトルを入力する
凡例を非表示にする
データラベルを表示する

Section 33 **図表を作成する**…………………………………………**104**
SmartArtを挿入する
SmartArtに文字を入力する
SmartArtの位置とサイズを変更する

Section 34 **文書全体のデザインを変更する**…………………………**108**
テーマを変更する
フォントパターンを変更する

9

CONTENTS 目次

第4章 自動計算や入力コントロールができる便利な文書

Section 35 4章で作成する文書……………………………………… 112
見積書とアンケートを作成する
文書作成のポイント

Section 36 Excelの計算機能を利用する……………………… 114
他のセルと同じ値を表示する
「価格」を求める数式を入力する
数式をコピーする
計算結果を確認する

Section 37 合計を求める関数を入力する……………………… 120
「小計」を求める
「合計」を求める

Section 38 消費税を計算する………………………………………… 124
消費税を計算して1円未満を切り捨てる

Section 39 「商品番号」に対応する「商品名」を自動表示する…… 128
「商品番号」に対応する「商品名」が表示されるようにする

Section 40 空欄の場合のエラーや「0」を非表示にする………… 134
エラーが表示されないようにする
「0」が表示されないようにする

Section 41 数値に桁区切りの「,(カンマ)」を表示する……………138
数値に「,(カンマ)」を表示する
「○,○○○円」と表示する

Section 42 数式が編集されないように保護する………………………140
編集を許可するセルを設定する
シートを保護する

Section 43 日付のみ入力できるようにする………………………144
データの入力規則で日付を設定する

10

Section 44 入力時にメッセージを表示する……………………………**146**
入力時メッセージを設定する

Section 45 リストから選択できるようにする……………………………**148**
<開発>タブを表示する
グループボックスを挿入する
コンボボックスを挿入する

Section 46 チェックボックスを作る…………………………………**152**
オプションボタンを挿入する
チェックボックスを挿入する

Section 47 ファイルにパスワードを設定する……………………………**156**
パスワードを設定する
書き込みパスワードを設定する

第5章 効率よく作成できるリストや名簿文書

Section 48 5章で作成する文書…………………………………… **160**
顧客名簿を作成する
文書作成のポイント

Section 49 「顧客番号」を「0001」と表示する…………………………… **162**
表示形式を<文字列>にする
「0001」と表示されるか確認する

Section 50 ふりがなを自動表示する………………………………… **164**
ふりがなが表示されるようにする

Section 51 性別を「男性」「女性」で選択する…………………………… **166**
データの入力規則を設定する

Section 52 入力モードを自動的に切り替える……………………………**168**
入力規則で入力モードを設定する
入力モードを確認する

11

CONTENTS 目次

Section 53 データを入力する················170
関数と入力規則をコピーする
郵便番号から住所を入力する

Section 54 連続データをかんたんに入力する··············172
オートフィルで連続した数値を入力する

Section 55 上のセルと同じ文字を入力する··············174
上のセルと同じデータを入力する

Section 56 名前の姓だけの列をかんたんに作成する··············176
氏名から姓だけを抜き出す

Section 57 重複データを削除する··············178
重複しているデータを削除する

Section 58 表の見出しを固定する··············180
先頭行を固定する
行と列を同時に固定する

第6章 思い通りに仕上げるExcel文書の印刷

Section 59 表を拡大して印刷する··············184
倍率を指定して拡大印刷する

Section 60 表を用紙の中央に印刷する··············186
ページの中央に印刷する

Section 61 改ページ位置を指定する··············188
改ページプレビューに切り替える
改ページ位置を変更する
改ページを挿入する
改ページを解除する

Section 62 2ページ目以降にも表の見出しを印刷する··············192
印刷タイトルを設定する

12

Section 63 文書の一部だけを印刷する……………………………………**194**
印刷範囲を設定する
印刷範囲を解除する
選択した部分だけを印刷する
指定したページだけを印刷する

Section 64 ヘッダー・フッターに日付などを表示する……………**198**
ページレイアウト表示に切り替える
ヘッダーを編集する
フッターを編集する

Section 65 余白を調整する……………………………………………**202**
印刷プレビューで余白を調整する
＜ページ設定＞ダイアログボックスで余白を調整する

索引………………………………………………………………………**206**

ご注意：ご購入・ご利用の前に必ずお読みください

● 本書に記載された内容は、情報の提供のみを目的としています。したがって、本書を用いた運用は、必ずお客様自身の責任と判断によって行ってください。これらの情報の運用の結果について、技術評論社および著者はいかなる責任も負いません。

● ソフトウェアに関する記述は、特に断りのないかぎり、2019年10月末日現在での最新バージョンをもとにしています。ソフトウェアはバージョンアップされる場合があり、本書での説明とは機能内容や画面図などが異なってしまうこともあり得ます。あらかじめご了承ください。

● インターネットの情報についてはURLや画面等が変更されている可能性があります。ご注意ください。

以上の注意事項をご承諾いただいた上で、本書をご利用願います。これらの注意事項をお読みいただかずに、お問い合わせいただいても、技術評論社は対処しかねます。あらかじめ、ご承知おきください。

■ 本書に掲載した会社名、プログラム名、システム名などは、米国およびその他の国における登録商標または商標です。本文中では™、®マークは明記していません。

第1章

Excelによる
文書作成とは

Section		
	01	Excelで文書を作成するメリット
	02	Excelで文書を作成するときのポイント
	03	本書で作成する文書

Section 01　第1章・Excelによる文書作成とは

Excelで文書を作成するメリット

文書を作成するときは、一般的にWordなどのワープロソフトを利用しますが、Excelで作成することも可能です。ここでは、Excelで文書を作成するメリットを紹介します。

第1章 Excelによる文書作成とは

1 表をかんたんに作成できる

Memo

表の作成

セルで区切られているので、列の幅や行の高さを調整し、罫線で囲んでかんたんに表を作成できます。

使用例：稟議書、シフト表、見積書、請求書、申請書など

セルで区切られているので、表をかんたんに作成できます。

2 数式や関数を利用できる

Memo

数式や関数の利用

数式やさまざまな関数をかんたんに挿入できます。数値を変更すると、自動的に計算結果が更新されます。

使用例：見積書、請求書、売上報告書、経費明細書など

数値を入力すると、計算結果が自動的に表示されるように、数式を入力します。

16

3 入力欄以外を保護できる

保護されている部分を編集しようとすると、メッセージが表示されます。

Memo

シートの保護

シートの保護を利用すると、入力欄以外を編集できないようにして、数式などが変更されるのを防ぐことができます。

使用例：見積書、請求書、申請書など

4 入力時のルールを設定できる

入力する項目を、リストから選択できます。

	A	B	C	D
1	顧客番号	氏名	フリガナ	性別
2				
3				男性/女性
4				
5				
6				
7				
8				
9				
10				
11				
12				

Memo

入力規則の利用

データの入力規則を設定すると、入力するデータの種類を限定したり、リストから項目を選択するようにしたりできます。

使用例：顧客名簿、申請書、アンケートなど

第1章 Excelによる文書作成とは

Memo

Wordを利用したほうがよい場合も

数ページの文書はExcelでも作成できますが、文字数が多く、ページ数の多い文書の場合は、Wordを利用したほうがよいでしょう。Wordには、段組みを設定したり、段落の書式をスタイルとして登録したり、目次を作成したりするなど、長文作成に便利な機能が多数用意されています。

Section 02　第1章・Excelによる文書作成とは

Excelで文書を
作成するときのポイント

Excelで文書を作成しようとしても、慣れないうちは戸惑うかもしれません。ここでは、**Excelで文書を作成する上でおさえておきたいポイント**をいくつか紹介します。

第1章　Excelによる文書作成とは

1 ページの区切りを目安に作成する

Memo

印刷で微調整できる

ページの区切りを示す破線から文字の入力されたセルがはみ出ても、印刷時にページにおさまるように縮小して印刷できるので、ページの区切りは目安として考えましょう。

用紙サイズと印刷の向きを設定したり（Sec.06参照）、改ページプレビューに切り替えたりして（Sec.61参照）、ページの区切りを表示させます。

2 セルをレイアウトに利用する

Memo

オブジェクトもセルに合わせて配置できる

画像やグラフなどのオブジェクトは、セルの境界線に合わせて配置できます。

セルを利用して、文字の開始位置を揃え、レイアウトを整えることができます。

3 データの入力を効率的に行う

関数を利用して、氏名を入力すると、
ふりがなが自動で表示されるようにします
（Sec.50参照）。

	A	B	C	D
1	顧客番号	氏名	フリガナ	性別
2		川端　靖幸	カワバタ　ヤスユキ	
3				

オートフィルを利用して、連続データを
かんたんに入力します（Sec.54参照）。

	A	B	C	D
29	0028			
30	0029			
31	0030			
32	0031			
33	0032			
34	0033			
35	0034			
36	0035			
37	0036			
38	0037			
39	0038			
40	0039			
41	0040			
42				
43				

Memo

数式や関数の利用

数式や関数を利用すると、他のセルと同じ値を表示させたり、計算結果が自動で修正されたり、ふりがなが自動で表示されたりするなど、データの入力を効率化できます。

Memo

オートフィルの利用

「オートフィル」を利用すると、隣接するセルに連続データをすばやく入力したり、セルをコピーしたりすることができます。

4 データの表記を統一させる

データの入力規則を利用して、リストから
選択できるようにします（Sec.51参照）。

	C	D	E	F	
	フリガナ	性別	生年月日	郵便番号	住所
		男性			
		女性			

Memo

データの表記の統一

データベースは、「男」「男子」「男性」のように表記にばらつきがあると、並べ替えやフィルターがうまくできなくなるので、データの入力規則を利用してリストを作成し、データの表記を統一します。

第1章　Excelによる文書作成とは

19

Section 03 第1章・Excelによる文書作成とは

本書で作成する文書

本書では■種類の文書を作成しながら、Excelのさまざまな機能を解説します。本書で使用しているサンプルファイルは、技術評論社のWebサイトからダウンロードできます。

1 第2章　案内状

案内状

発信日、宛名、差出人、タイトル、あいさつ文、本文、箇条書きの入った案内文書を作成します。

2 第3章　稟議書/チラシ

稟議書

押印欄を罫線で囲んだ稟議書を作成します。

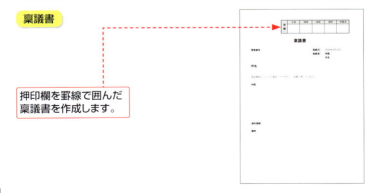

チラシ

画像、図表、グラフの入ったカラーのチラシを作成します。

第1章 Excelによる文書作成とは

3 第4章　見積書/アンケート

見積書

商品番号を入力すると、対応した商品と単価が表示される見積書を作成します。また、数量を入力すると、自動的に価格と合計が表示されます。

21

アンケート

> リストから選択したり、チェックボックスやオプションボタンを
> 選択したりして回答できるアンケートを作成します。

4 第5章 名簿

名簿

> ふりがなが自動的に表示されたり、
> リストから入力できたりする名簿を作成します。

第2章

標準的な構成の
ビジネス文書

Section		
	04	2章で作成する文書
	05	基本的なビジネス文書の構成
	06	印刷の向きと用紙のサイズを設定する
	07	日付、宛名、差出人を入力する
	08	タイトルを入力する
	09	本文を入力する
	10	箇条書きを入力する
	11	本文と箇条書きの行間を調整する
	12	書式を変更する
	13	日付を和暦で表示する
	14	差出人と結語を右揃えにする
	15	文書を保存する
	16	PDF形式で保存する
	17	文書を印刷する

Section 04　第2章・標準的な構成のビジネス文書

2章で作成する文書

2章では、基本的な社外文書を作成します。**印刷の向きや用紙サイズを設定**した後、**文字列を入力**し、列幅を調整したり、**書式を設定**したりして、文書の体裁を整えます。

1 案内状を作成する

この章で作成する文書

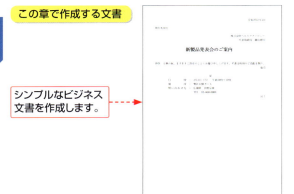

シンプルなビジネス文書を作成します。

2 文書作成のポイント

セルの結合

複数のセルを結合しています。

ページの区切りを示す破線。

行の高さや列の幅の調整

行の高さを調整し、文章を入力するスペースをつくります。

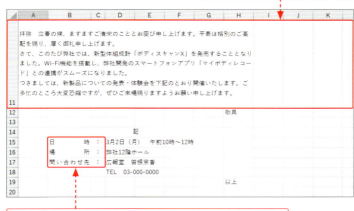

列の幅を調整して、文字列がすべて表示されるようにしたり、文字列の開始位置を変更したりします。

書式の設定

全体のフォントの種類を変更し、タイトルはサイズを大きくして太字にして目立たせます。

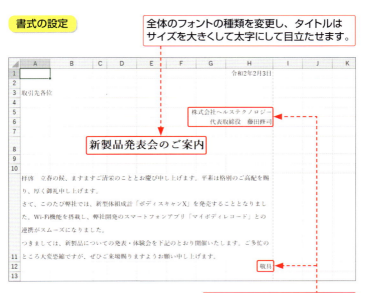

差出人と結語を右揃えにします。

Section 05　第2章・標準的な構成のビジネス文書

基本的な
ビジネス文書の構成

ビジネス文書には、社内向けの「社内文書」と、取引先などに送付される「社外文書」があります。社外文書は、あいさつや敬語などのマナーを守りつつ、内容を正確かつ簡潔に伝える必要があります。

1 ビジネス文書の基本構成

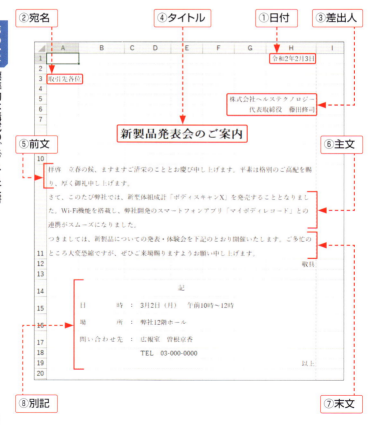

項　目	概　　要
①日付	文書を発信する日付。
②宛名	文書の宛名。 一般的には、個人名には「様」、役職名には「殿」、会社や団体などには「御中」を付けます。また、同じ文書を複数の人宛に送付する場合は、「各位」を付けます。
③差出人	文書の発信者名。
④タイトル	文書のタイトル。
⑤前文	あいさつ部分（社内文書では不要）。 頭語、時候のあいさつ、安否を尋ねるあいさつ、感謝のあいさつの順で記述します。
⑥主文	用件。
⑦末文	結びのあいさつと結語（社内文書では不要）。
⑧別記（記書き）	箇条書きの連絡内容。 「記」、箇条書き、「以上」の順で記述します。

頭語と結語

社外文書では、文書の最初に「頭語」、本文の後に「結語」を書きます。頭語と結語は、文書の内容や相手によって使い分けます。また、頭語と結語の組み合わせは決まっているので、間違わないように注意しましょう。ビジネス文書では、「拝啓」「敬具」が多く使われます。

内容	頭語	結語
一般	拝啓	敬具
丁寧	謹啓	敬白
前文を省略する場合	前略	草々

文字の配置

日付、差出人、結語は右寄せに、タイトルは中央に配置します。セル内の文字の配置を変更したり、複数のセルを結合したりして、レイアウトを整えます。

Section 06 印刷の向きと用紙のサイズを設定する

第2章・標準的な構成のビジネス文書

ビジネス文書を作成するときは、初めに**印刷の向き**と**用紙サイズ**を設定します。設定を行うと、**ページの区切りを示す破線**がワークシートに表示されます。

1 印刷の向きを指定する

1. <ページレイアウト>タブをクリックして、
2. <印刷の向き>をクリックし、
3. <縦>をクリックすると、印刷の向きが縦に設定されます。

2 用紙のサイズを指定する

Memo
印刷の向きと用紙サイズの設定

一般的なビジネス文書は、A4用紙を縦向きに使用します。既定では、印刷の向きは<縦>、用紙サイズは<A4>に設定されていますが、念のため確認しておきましょう。

1. <ページレイアウト>タブをクリックして、

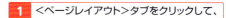
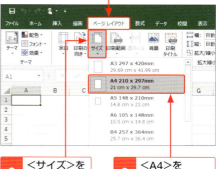

2. <サイズ>をクリックし、
3. <A4>をクリックすると、

用紙サイズがA4に設定され、ページの区切りを示す破線が表示されます。

Hint

破線が表示されない?

ページ区切りを示す破線は、ファイルを閉じて再度開いたときには表示されません。ページ区切りを示す破線を表示するには、ファイルを開くたびに用紙サイズを設定する必要があります。

Memo

<ページ設定>ダイアログボックスの利用

印刷の向きや用紙のサイズは、<ページ設定>ダイアログボックスでも設定することができます。

1. <ページレイアウト>タブをクリックして、
2. <ページ設定>グループのここをクリックし、
3. <ページ>をクリックすると、
4. 印刷の向きや用紙サイズなどの設定を行えます。

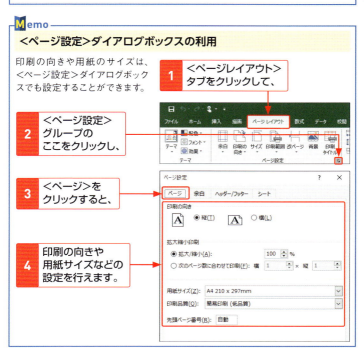

Section 07 第2章・標準的な構成のビジネス文書

日付、宛名、差出人を入力する

用紙のサイズや印刷の向きの設定が終わったら、**文字を入力**します。このセクションでは、文書を発信する日付、宛名、差出人を入力します。

1 日付を入力する

1 セル [H1] をクリックして、

2 「2/3」と入力し、Enter を押すと、

3 「2月3日」と表示されます。

Memo
日付の入力位置

日付は、用紙の右端に配置するので、ページの区切りを示す破線を目安にして、右端のセルに入力します。

Hint
列幅が自動的に変わる?

日付や数値を入力すると、その長さに合わせて列幅が自動的に変わります。ただし、列幅をあらかじめ指定している場合は、列幅は変わりません。

Memo
日付の表示形式

上の手順で日付を入力すると、既定では「〇月〇日」の形式で表示されます。表示形式は後から変更できます(Sec.13参照)。

2 宛名と差出人を入力する

1 セル[A3]をクリックし、

Hint

列幅を超える文字数を入力した場合は?

列幅よりも多くの文字を入力した場合、右隣のセルに文字が入力されていないときは隣のセルにまたがって表示されます。右隣のセルに文字が入力されているときは、溢れている文字が隠れます。

2 宛名を入力して、Enterを押します。

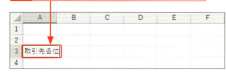

3 セル[H5]をクリックし、

4 差出人の会社名を入力して、Enterを押し、

5 セル[H6]に差出人の名前を入力します。

Hint

「####」と表示された場合は?

あらかじめ列幅を変更していて、セル内の数値や日付が表示しきれない場合は、「####」のようにシャープ記号が表示されます。列幅を広げると(P.41参照)、数値や日付が正しく表示されます。

Section 08 第2章・標準的な構成のビジネス文書

タイトルを入力する

この章の文書のタイトルは、ページの左右中央に配置します。「セルの結合」という機能を利用すると、**隣接する複数のセルを結合できる**ので、セルを結合してタイトルのスペースをつくります。

1 タイトルのスペースをつくる

1 セル [A8：H8] をドラッグして選択し、

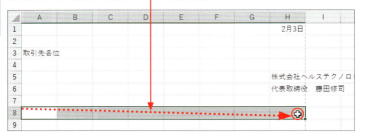

2 <ホーム>タブをクリックして、

3 <セルを結合して中央揃え>をクリックすると、

Hint

セルに文字列などが入力されている場合は?

結合するセルの範囲内の複数のセルに、文字列や数値が入力されている場合は、左上端のセルのデータだけが残り、他のデータは削除されます。ただし、空白のセルは無視されます。

4 選択したセルが結合されます。

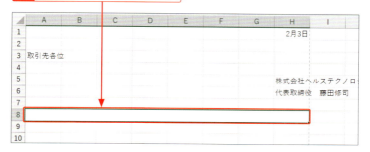

2 タイトルを入力する

1 セル [A8] にタイトルを入力します。

文字列がセルの左右中央に配置されます。

Hint

セルの結合を解除するには?

セルの結合を解除するには、結合されたセルを選択し、＜ホーム＞タブの＜セルを結合して中央揃え＞をクリックします。

Memo

＜セルの書式設定＞ダイアログボックスの利用

セルの結合は、＜セルの書式設定＞ダイアログボックス（P.42参照）でも設定できます。＜セルの書式設定＞ダイアログボックスの＜配置＞タブをクリックし、＜セルを結合する＞をクリックしてオンにし、＜OK＞をクリックします。

第2章 標準的な構成のビジネス文書

Section 09 第2章・標準的な構成のビジネス文書

本文を入力する

本文はページ幅いっぱいに配置するため、**セルを結合**しておきます。また、複数行入力するため、**行の高さを変更**します。本文を入力するときは、[Alt] + [Enter] を押すと、**セル内で改行**できます。

1 本文のスペースをつくる

1 セル [A11：H11] をドラッグして選択し、

2 <ホーム>タブをクリックして、

3 <セルを結合して中央揃え>のここをクリックし、

4 <横方向に結合>をクリックすると、

5 選択したセルが結合されます。

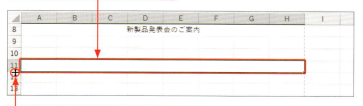

6 行[11]の行番号の下側境界線にマウスポインターを合わせると、形が✚に変わるので、

7 下にドラッグすると、

StepUp

行の高さを自動的に調整するには?

入力されている文字の大きさや行数に合わせて、行の高さを自動的に調整するには、行の下側境界線にマウスポインターを合わせ、形が✚に変わったら、ダブルクリックします。

8 行の高さが変わります。

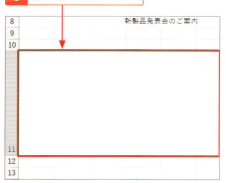

StepUp

行の高さを数値で指定するには?

行の高さを数値で指定するには、目的の行の行番号を右クリックして、＜行の高さ＞をクリックします。＜行の高さ＞ダイアログボックスが表示されるので、行の高さをポイントで指定し、＜OK＞をクリックします。

2 本文を折り返して表示する

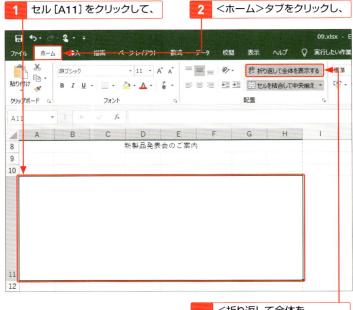

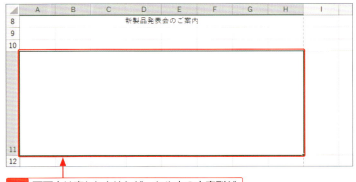

第2章 標準的な構成のビジネス文書

3 改行しながら本文を入力する

1 セル [A11] をクリックして、あいさつ文を入力し、

2 [Alt] + [Enter] を押すと、

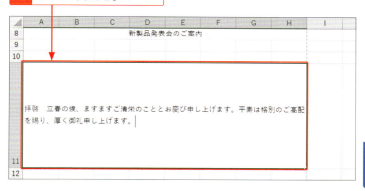

3 セル内で改行され、次の行にカーソルが移動します。

4 残りの文章を入力します。

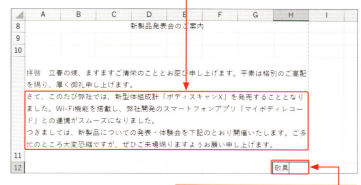

5 セル [H12] に結語を入力します。

Section 10 箇条書きを入力する

第2章・標準的な構成のビジネス文書

本文の入力が終わったら、日時や場所などの通知内容を箇条書きで入力します。箇条書きを利用すると、必要事項が簡潔にわかりやすく相手に伝わります。

1 「記」を入力する

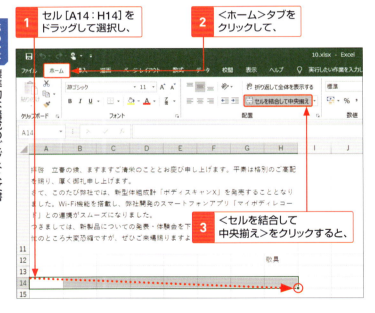

1. セル[A14:H14]をドラッグして選択し、
2. <ホーム>タブをクリックして、
3. <セルを結合して中央揃え>をクリックすると、

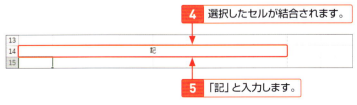

4. 選択したセルが結合されます。
5. 「記」と入力します。

2 箇条書きの項目名と内容を入力する

1 セル [B15] ～セル [B17] に箇条書きの項目名を入力し、

Memo

オートフィルによるデータのコピー

箇条書きの項目名と内容を区切る「：(コロン)」は、「オートフィル」を利用してデータをコピーし、同じ文字列を何度も入力する手間を省きます。「オートフィル」とは、セルに入力されたデータを元に、同じデータや連続したデータを、ドラッグ操作で隣接するセルに入力する機能のことです。

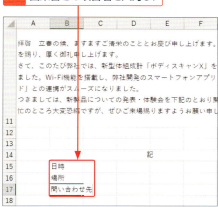

2 セル [C15] をクリックして、「：」を入力し、

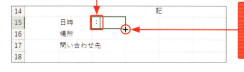

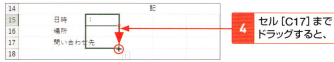

3 フィルハンドルにマウスポインターを合わせると、形が＋に変わるので、

4 セル [C17] までドラッグすると、

5 セルがコピーされます。

6 セル [D15] ～セル [D18] に箇条書きの内容を入力し、

第2章 標準的な構成のビジネス文書

7 セル[H19]に「以上」と入力します。

3 列の幅を調整する

1 列[B]の列番号の右側境界線にマウスポインターを合わせ、ダブルクリックすると、

2 文字列の長さに合わせて、列の幅が自動的に調整されます。

Memo

列の幅の調整

セル[B17]に入力されている項目名「問い合わせ先」の文字列の一部が表示されていないため、列の幅を広げて、文字列がすべて表示されるようにします。

3 列[C]の列番号の右側境界線にマウスポインターを合わせ、

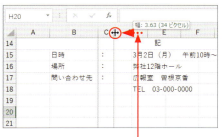

Memo
列の幅の数値が表示される

ドラッグしている間は、列の幅の数値が、「幅：3.63（34ピクセル）」のように、ポイントとピクセルで表示されます。

4 左にドラッグすると、

StepUp
列の幅を数値で指定する

列の幅を数値で指定するには、目的の列の列番号を右クリックして、＜列の幅＞をクリックします。＜列幅＞ダイアログボックスが表示されるので、列の幅をポイントで指定し、＜OK＞をクリックします。

5 列の幅が狭くなります。

Memo
複数の列の幅の変更

複数の列の列番号をドラッグして選択してから列の幅を変更すると、選択した複数の列をまとめて同じ幅に変更することができます。

4 文字列の配置を変更する

1 セル[B15:B17]をドラッグして選択し、

2 <ホーム>タブをクリックして、

3 <配置>グループのここをクリックし、

4 <横位置>のここをクリックして、

5 <均等割り付け(インデント)>をクリックし、

6 <OK>をクリックすると、

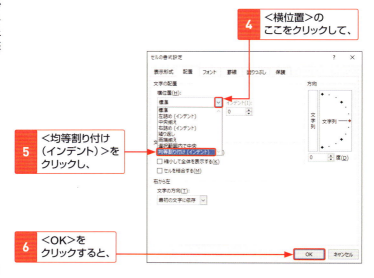

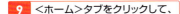

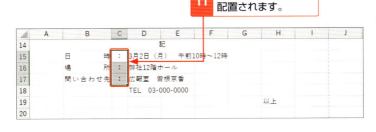

StepUp

セルの左右に余白を入れて均等割り付けにする

文字列を均等割り付けにして、さらにセルの左右にスペースを入れるには、＜セルの書式設定＞ダイアログボックスの＜配置＞タブの＜インデント＞ボックスに数値を入力します。

Section 11 第2章・標準的な構成のビジネス文書

本文と箇条書きの行間を調節する

文字列は通常セルの上下中央に配置されます。複数行の文字列が入力されているセルの場合は、文字列の縦位置の配置を「均等割り付け」に変更することで、行間を調整することができます。

1 本文の行間を調整する

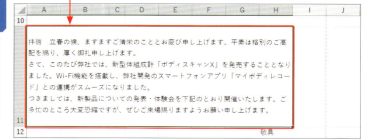

1 セル[A11]をクリックし、

2 <ホーム>タブをクリックして、

3 <配置>グループのここをクリックします。

4 <縦位置>の
ここをクリックして、

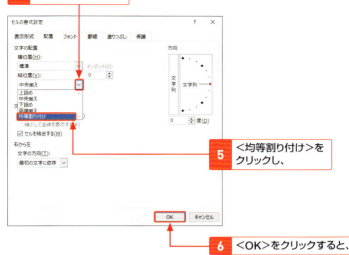

5 <均等割り付け>を
クリックし、

6 <OK>をクリックすると、

7 選択したセル内の文字列の縦位置が、
均等割り付けに変更され、行間が広がります。

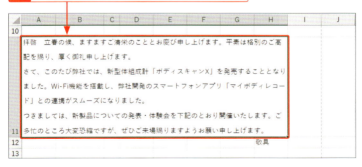

Memo

行の高さの調整

セルの縦位置の配置を「均等割り付け」にした後、行間を広げたい場合は行を高く、行間を狭くしたい場合は行を低くします。

2 箇条書きの行間を調整する

Memo
箇条書きの行間の調整

セルに1行ずつ入力されている文字列の場合は、各行の高さを変更すると、行間を調整できます。

1 行[14]をクリックしたまま、マウスポインターが ✛ の状態で行[17]までドラッグして選択し、

2 行[17]の行番号の下側境界線にマウスポインターを合わせると、形が ✚ に変わるので、

3 下にドラッグすると、

Memo
複数の行の高さの変更

複数の行を選択してから行の高さを変更すると、選択した複数の行をまとめて同じ高さに揃えることができます。

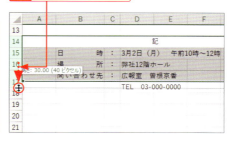

4 選択した行の高さが変わります。

▲	A	B	C	D	E	F	G	H	I	J
13										
14				記						
15		日　　　時　：	3月2日（月）　午前10時〜12時							
16		場　　　所　：	弊社12階ホール							
17		問い合わせ先　：	広報室　曽根京香							
18			TEL　03-000-0000							
19							以上			
20										

第2章　標準的な構成のビジネス文書

Memo

セルの縦位置の配置

＜セルの書式設定＞ダイアログボックスの＜配置＞タブの＜縦位置＞では（P.45の手順 **5** 参照）、次の5種類から縦位置を選択できます。

	A	B	C	D	E
1		横書き （1行）	横書き （複数行）	縦書き	
2	上詰め	前略	お世話に なっており ます	ま　て　に　お す　お　な　世 　　り　っ　話	
3	中央揃え	前略	お世話に なっており ます	ま　て　に　お す　お　な　世 　　り　っ　話	
4	下詰め	前略	お世話に なっており ます	ま　て　に　お す　お　な　世 　　り　っ　話	
5	両端揃え	前略	お世話に なっており ます	ま　て　に　お す　お　な　世 　　り　っ　話	
6	均等割り付け	前略	お世話に なっており ます	ま　て　に　お す　お　な　世 　　り　っ　話	

Sheet1 ⊕

①＜上詰め＞
セルの上側に配置されます。

②＜中央揃え＞
セルの上下中央に配置されます。

③＜下詰め＞
セルの下側に配置されます。

④＜両端揃え＞
セルの両端に揃えて配置されます。文字列が1行の場合は、セルの上端に配置されます。また、縦書きの場合、最後の行の文字列は、セルの上端に揃えられます。

⑤＜均等割り付け＞
セル内に均等に割り付けて配置されます。文字列が1行の場合は、セルの上下中央に配置されます。

47

Section 12　第2章・標準的な構成のビジネス文書

書式を変更する

文書のタイトルや重要な部分は、**フォントの種類やサイズを変更**するなどして、目立たせます。ここでは、文書全体のフォントの種類を変更し、タイトルのフォントサイズを変更して**太字**にします。

1 文書全体のフォントを変更する

1 ワークシートの左上をクリックして、ワークシート全体を選択し、

2 ＜ホーム＞タブをクリックして、

3 ＜フォント＞のここをクリックし、

4 目的のフォント名をクリックすると、

5 ワークシート全体のフォントの種類が変わります。

48

2 タイトルの書式を変更する

1 セル [A8] をクリックして選択し、

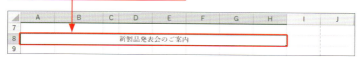

2 <ホーム>タブをクリックして、

3 <フォントサイズ>のここをクリックし、

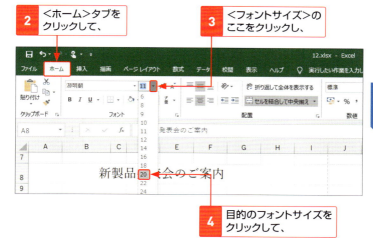

4 目的のフォントサイズをクリックして、

5 <太字>をクリックすると、

6 フォントサイズが変わり、太字が設定されます。

Section 13 第2章・標準的な構成のビジネス文書

日付を和暦で表示する

ここでは、「2月3日」と表示されている日付を、「令和2年2月3日」のように、**和暦で表示**する方法を解説します。**表示形式を変更**するには、＜セルの書式設定＞ダイアログボックスを利用します。

1 日付の表示形式を変更する

1. セル[H1]をクリックして選択し、
2. ＜ホーム＞タブをクリックして、
3. ＜数値＞グループのここをクリックします。

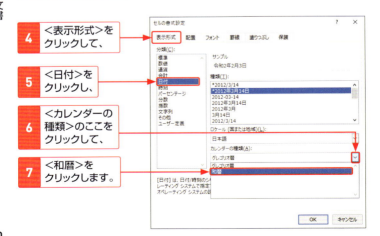

4. ＜表示形式＞をクリックして、
5. ＜日付＞をクリックし、
6. ＜カレンダーの種類＞のここをクリックして、
7. ＜和暦＞をクリックします。

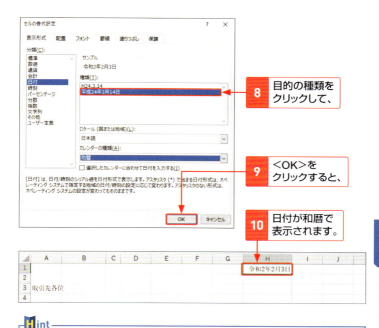

8 目的の種類をクリックして、

9 <OK>をクリックすると、

10 日付が和暦で表示されます。

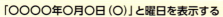

第2章 標準的な構成のビジネス文書

Hint

「〇〇〇〇年〇月〇日(〇)」と曜日を表示する

「2020年2月3日(月)」のように、曜日が表示されるようにするには、<セルの書式設定>ダイアログボックスの<表示形式>タブの<分類>で<ユーザー定義>をクリックし、<種類>に「yyyy"年"m"月"d"日"(aaa)」と入力します。「yyyy」は西暦で4桁の年、「m」は月、「d」は日、「aaa」は曜日を表します。また、「""(ダブルクォーテーション)」で囲んだ文字は、そのまま表示されます。

なお、「2020年02月03日」のように、月と日を2桁で表示したい場合は、「yyyy"年"mm"月"dd"日"」と入力します。

1 <表示形式>をクリックして、

2 <ユーザー定義>をクリックし、

3 「yyyy"年"m"月"d"日"(aaa)」と入力します。

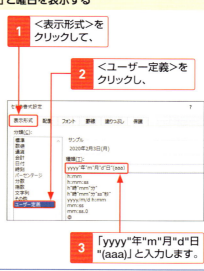

Section 14　第2章・標準的な構成のビジネス文書

差出人と結語を右揃えにする

差出人や結語は、**ページの右端**に揃えます。文字列の配置は、＜ホーム＞タブの＜配置＞グループで設定します。複数のセルに同じ書式を設定するときは、あらかじめ目的のセルを選択しておきます。

1 文字列を右揃えに配置する

1 セル[H5:H6]をドラッグして選択し、

2 Ctrlを押しながら、セル[H12]、[H19]をクリックして選択します。

Memo

離れた位置にあるセルの選択

複数のセルに同じ書式を設定する場合は、セルをまとめて選択してから設定を行うと、効率的です。離れた位置にある複数のセルを選択するには、Ctrlを押しながら、目的のセルをクリックします。

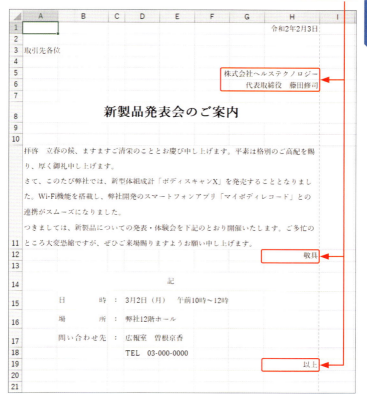

Section 15 第2章・標準的な構成のビジネス文書

文書を保存する

文書を作成したら、**ファイルとして保存**しておくと、何度でも利用することができます。ファイル形式がわかるように、**ファイルの拡張子**を表示しておきましょう。

1 名前を付けて保存する

1. <ファイル>タブをクリックして、

2. <名前を付けて保存>をクリックし、

3. <参照>をクリックします。

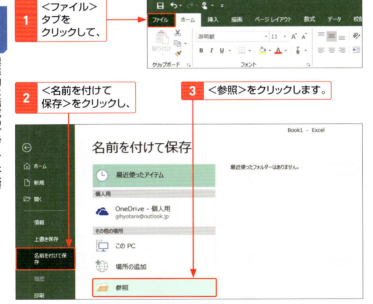

Hint

ファイルを上書き保存するには?

ファイルを上書き保存するには、クイックアクセスツールバーの<上書き保存> をクリックするか、<ファイル>タブをクリックして<上書き保存>をクリックします。

4 保存先を指定し、　　**5** ファイル名を入力して、

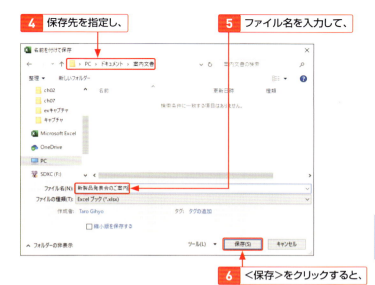

6 <保存>をクリックすると、

7 ファイルが保存されます。

ファイル名が表示されます。

Hint

ファイルの拡張子を表示するには?

Windows 10でファイルの拡張子を表示するには、エクスプローラーのフォルダーウィンドウの<表示>タブをクリックし、<ファイル名拡張子>をオンにします。

1 <表示>タブをクリックし、

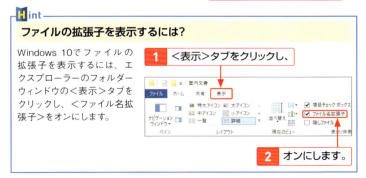

2 オンにします。

第2章 標準的な構成のビジネス文書

Section 16 第2章・標準的な構成のビジネス文書

PDF形式で保存する

ファイルを **PDF形式**で**保存**すると、Excelがインストールされていないパソコンでも、無料の「**Acrobat Reader**」などのアプリでファイルを表示することができます。

1 ファイルをPDF形式で保存する

1. <ファイル>タブをクリックして、

2. <エクスポート>をクリックし、
3. <PDF/XPSドキュメントの作成>をクリックして、
4. <PDF/XPSの作成>をクリックします。

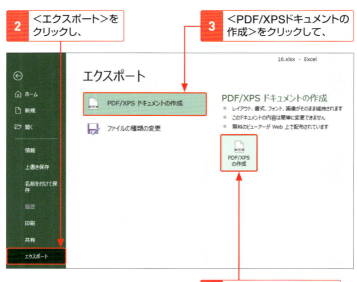

5 保存先を指定し、　　　　**6** ファイル名を入力して、

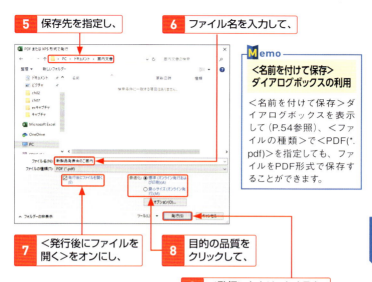

Memo

＜名前を付けて保存＞ダイアログボックスの利用

＜名前を付けて保存＞ダイアログボックスを表示して（P.54参照）、＜ファイルの種類＞で＜PDF(*.pdf)＞を指定しても、ファイルをPDF形式で保存することができます。

7 ＜発行後にファイルを開く＞をオンにし、　　**8** 目的の品質をクリックして、

9 ＜発行＞をクリックすると、

10 PDFが作成され、表示されます。

Memo

PDFファイルの表示

Windows 10の場合、既定では「Microsoft Edge」が起動して、PDFファイルが表示されます。

StepUp

オプションの設定

手順**5**の画面で＜オプション＞をクリックすると、＜オプション＞ダイアログボックスが表示され、PDFに変換する範囲などの設定を行うことができます。

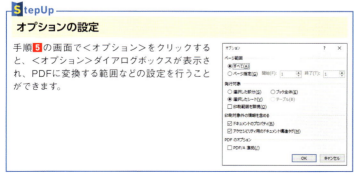

Section 17 第2章・標準的な構成のビジネス文書

文書を印刷する

文書の**印刷**は、<ファイル>タブから行います。印刷設定画面では、事前に**印刷イメージ**を確認することができます。なお、印刷については、第6章でも解説しています。

1 印刷プレビューを確認する

1 <ファイル>タブをクリックして、

2 <印刷>をクリックすると、

3 印刷イメージを確認できます。

2 印刷を実行する

1 印刷部数を入力して、

2 <印刷>をクリックすると、印刷が実行されます。

Memo

モノクロで印刷する

表やグラフをモノクロで印刷する場合、グラフの色の違いがわかりづらかったり、文字が読みづらかったりすることがあります。右の手順に従うと、モノクロで印刷したときに見やすいように、セルや図形の色などが無効になります。

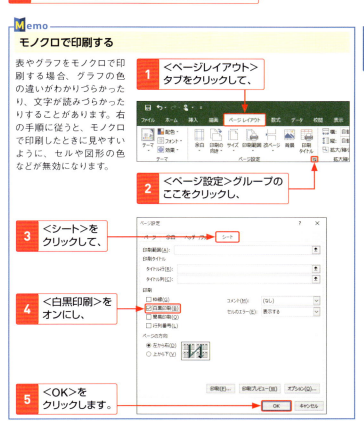

1 <ページレイアウト>タブをクリックして、

2 <ページ設定>グループのここをクリックし、

3 <シート>をクリックして、

4 <白黒印刷>をオンにし、

5 <OK>をクリックします。

第2章 標準的な構成のビジネス文書

StepUp

用紙1ページに収めて印刷する

用紙1ページに収めたいのに、文書を作成しているうちに2ページになってしまった場合は、下の手順で縮小して1ページに印刷することができます。

また、表を印刷するときにすべての列や行を1ページに収めて印刷することも可能です。その場合は、手順 2 で＜すべての列を1ページに印刷＞または＜すべての行を1ページに印刷＞をクリックします。

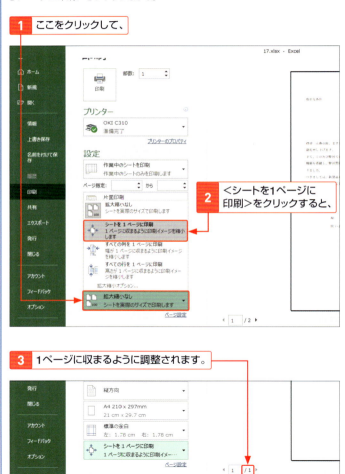

第3章

複雑なレイアウトの文書

Section		
	18	3章で作成する文書
	19	今日の日付を表示する
	20	日付を「○○○○年○月○日」形式で表示する
	21	文字を縦書きにする
	22	押印欄を罫線で囲む
	23	セルの塗りつぶしの色を変更する
	24	テンプレートとして保存する
	25	ワードアートで印象的なタイトルにする
	26	画像を挿入する
	27	画像を編集する
	28	テキストボックスで文字を配置する
	29	テキストボックスの書式を変更する
	30	記号や特殊文字を入力する
	31	グラフを挿入する
	32	グラフを見やすく編集する
	33	図表を作成する
	34	文書全体のデザインを変更する

Section 18 第3章・複雑なレイアウトの文書

3章で作成する文書

この章では、罫線入りの稟議書とカラーで画像の入ったチラシを作成する方法を解説します。チラシはデザインした文字でタイトルを作成し、図表やグラフも入れて見やすくします。

1 稟議書とチラシを作成する

この章で作成する文書

稟議書

押印欄を罫線で囲んだ
稟議書を作成します
（Sec.19～24参照）。

チラシ

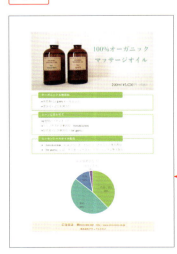

カラーで画像・図表・グラフ
入りの商品チラシを作成します
（Sec.25～34参照）。

62

2 文書作成のポイント

罫線の利用

セルに罫線を引き、外枠を太線にします。

ワードアートと画像の利用

デザインされた文字でタイトルを作成し、画像を配置します。

第3章 複雑なレイアウトの文書

グラフの利用

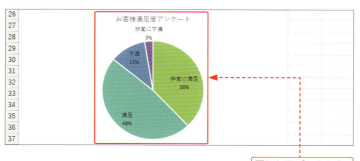

元になるデータからグラフを作成します。

63

Section 19

第3章・複雑なレイアウトの文書

今日の日付を表示する

稟議書の「起案日」欄に、その都度日付を入力するのは手間がかかります。「TODAY関数」を利用すると、文書を開いたときに、今日の日付が自動的に表示されます。

1 関数を使って現在の日付を表示する

1 セル[M6]をクリックして、

2 <数式>タブをクリックし、

3 <日付/時刻>をクリックして、

4 <TODAY>をクリックし、

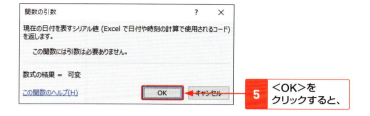

5 <OK>をクリックすると、

6 現在の日付が表示されます。

Keyword

関数

「関数」とは、特定の計算を自動的に行うために、あらかじめ定義されている数式のことです。関数は、「=関数名(引数1,引数2…)」のように入力します。「引数」とは、計算に必要な数値やデータのことで、種類や指定方法は関数によって異なります。複数の引数がある場合は、引数を「,(カンマ)」で区切ります。

Keyword

TODAY関数

「TODAY関数」は、パソコンの内蔵時計を利用して、現在の日付をシリアル値(日付と時刻を管理するための数値)で返す関数です。TODAY関数に引数は必要ありませんが、( )は必要です。

書式：=TODAY ()
関数の分類：日付/時刻

Section 20 第3章・複雑なレイアウトの文書

日付を「○○○○年○月○日」形式で表示する

TODAY関数を利用して今日の日付を表示すると、既定では「2019/6/21」のように表示されます。ここでは、「2019年6月21日」になるように表示形式を変更します。

1 日付の表示形式を変更する

Memo
<セルの書式設定>ダイアログボックスの表示

<セルの書式設定>ダイアログボックスは、上の手順の他、セルを右クリックして、表示されるショートカットメニューで<セルの書式設定>をクリックしても、表示できます。

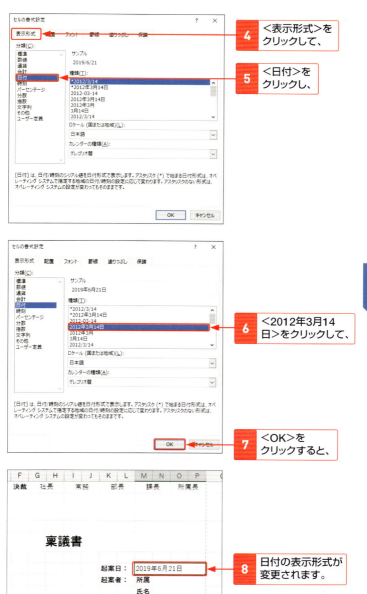

4 <表示形式>をクリックして、

5 <日付>をクリックし、

6 <2012年3月14日>をクリックして、

7 <OK>をクリックすると、

8 日付の表示形式が変更されます。

Section 21 第3章・複雑なレイアウトの文書

文字を縦書きにする

幅の狭い列に文字を表示させたいときは、セルの**文字を縦書き**にすることができます。その場合は、＜ホーム＞タブの＜方向＞を利用します。

1 セルの文字を縦書きにする

1 セル[F1]をクリックして、

2 ＜ホーム＞タブをクリックし、　**3** ＜方向＞をクリックして、

4 ＜縦書き＞をクリックすると、

5 文字が縦書きになります。

6 <ホーム>タブの<上下中央揃え>をクリックすると、

7 文字がセルの上下中央に配置されます。

Memo

<セルの書式設定>ダイアログボックスの利用

<セルの書式設定>ダイアログボックス(P.45参照)の<配置>タブからも、セル内の文字を縦書きに設定することができます。また、右側のプレビューで目的の角度になるようにクリックしたり、角度を入力したりして、文字を回転させることも可能です。

ここをクリックすると、縦書きに設定できます。

ここをクリックするか、角度を入力すると、文字を回転させることができます。

Section 22

第3章・複雑なレイアウトの文書

押印欄を罫線で囲む

稟議書の決裁の押印欄を、罫線で囲みます。押印欄は外枠を太線にします。罫線を引くには、＜セルの書式設定＞ダイアログボックスや＜ホーム＞タブの＜罫線＞を利用します。

1 押印欄に罫線を設定する

1 セル [F1：O2] をドラッグし、

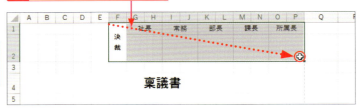

2 ＜ホーム＞タブをクリックして、

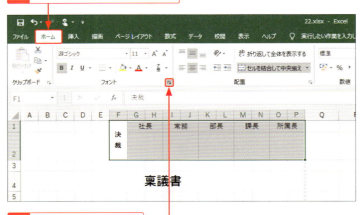

3 ＜フォント＞グループのここをクリックします。

4 ＜罫線＞をクリックして、

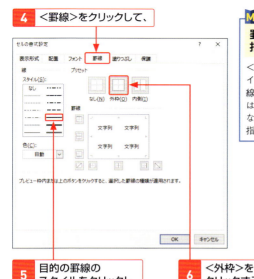

Memo

罫線のスタイルの指定

＜セルの書式設定＞ダイアログボックスの＜罫線＞タブの＜スタイル＞では、破線や二重線、太線など、罫線のスタイルを指定できます。

5 目的の罫線のスタイルをクリックし、

6 ＜外枠＞をクリックすると、

7 外側に太い罫線が表示されます。

Memo

罫線を引く位置の指定

＜セルの書式設定＞ダイアログボックスの＜罫線＞タブでは、罫線を引きたい場所のボタンか、プレビュー枠の罫線を引きたい場所をクリックして、罫線を引く位置を指定します。

8 目的の罫線のスタイルをクリックし、

9 ＜内側＞をクリックすると、

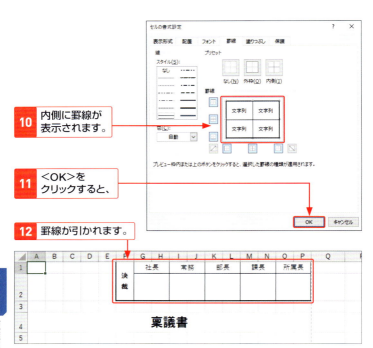

10 内側に罫線が表示されます。

11 <OK>をクリックすると、

12 罫線が引かれます。

StepUp

罫線の色を指定する

<セルの書式設定>ダイアログボックスの<罫線>タブで罫線の色を指定するには、右の手順に従います。

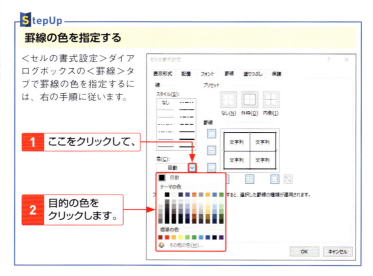

1 ここをクリックして、

2 目的の色をクリックします。

第3章 複雑なレイアウトの文書

72

Memo

<ホーム>タブの利用

罫線は、<ホーム>タブの<罫線>からも設定することができます。

1 罫線を引くセルをドラッグし、

2 <ホーム>タブをクリックして、

3 <罫線>のここをクリックし、

4 目的の罫線の種類をクリックすると、

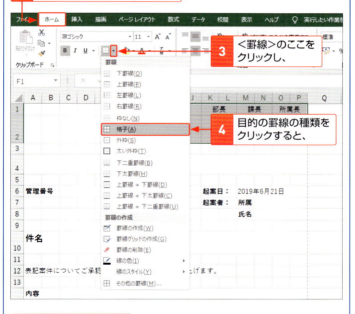

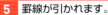

5 罫線が引かれます。

Section 23

第3章・複雑なレイアウトの文書

セルの塗りつぶしの色を変更する

セルの**塗りつぶしの色**は、変更することができます。表の見出しや強調したい部分は、ほかの部分と色を変えると、目立たせたり、区別しやすくしたりできます。

1 セルに色を設定する

1 セル [F1] をクリックし、

2 Ctrl を押しながらセル [G1:O1] をドラッグして選択し、

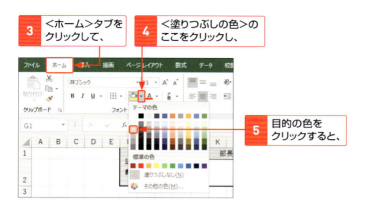

3	<ホーム>タブをクリックして、
4	<塗りつぶしの色>のここをクリックし、
5	目的の色をクリックすると、
6	セルの塗りつぶしの色が変更されます。

第3章 複雑なレイアウトの文書

Hint

一覧にない色を設定するには?

手順5で一覧にない色を設定したい場合は、<その他の色>をクリックします。<色の設定>ダイアログボックスが表示されるので、<標準>または<ユーザー設定>タブをクリックして、目的の色をクリックし、<OK>をクリックします。

75

Section 24 第3章・複雑なレイアウトの文書

テンプレートとして保存する

稟議書や申請書などの書類は、テンプレートとして保存すると文書を作成するたびにファイルをコピーする手間が省けたり、誤って元のファイルを上書き保存してしまうのを防いだりできます。

1 ファイルをテンプレートとして保存する

1 <ファイル>タブをクリックして、

2 <名前を付けて保存>をクリックし、

3 <参照>をクリックします。

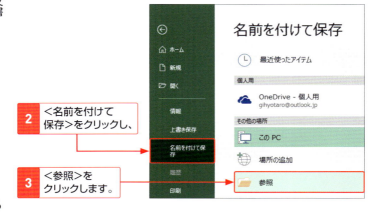

4 <ファイルの種類>で<Excelテンプレート(.*xltx)>を選択して、

Memo

保存先は変更しない

<ファイルの種類>で<Excelテンプレート(.*xltx)>を選択すると、保存先は自動的に<Officeのカスタムテンプレート>が指定されます。保存先は変更せずに、このままにして保存します。

5 ファイル名を入力し、

6 <保存>をクリックすると、テンプレートとして保存されます。

2 テンプレートから新規ファイルを作成する

1 <ファイル>タブの<新規>をクリックして、

2 <個人用>をクリックし、

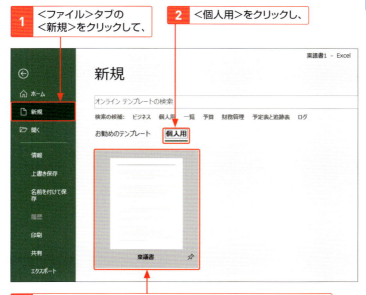

3 目的のテンプレートをクリックすると、ファイルが作成されます。

Section 25　第3章・複雑なレイアウトの文書

ワードアートで印象的なタイトルにする

このセクションからは、チラシの作成方法を解説します。チラシのタイトルは、デザイン効果を加えた文字を作成できる「ワードアート」を利用します。

1 ワードアートを挿入する

1. <挿入>タブの<テキスト>をクリックして、

2. <ワードアート>をクリックし、

3. 目的のスタイルをクリックすると、

4. ワードアートが挿入されるので、

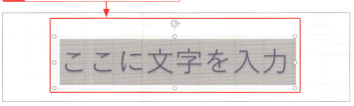

5 文字を入力します。

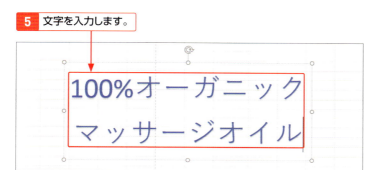

2 ワードアートの書式を変更する

1 ワードアートの枠線にマウスポインターを合わせると、形が に変わるので、クリックして選択し、

2 <ホーム>タブをクリックして、

3 <フォントサイズ>のここをクリックし、

4 目的のフォントサイズをクリックして、

5 <フォント>のここをクリックして、

6 目的のフォントをクリックし、

第3章 複雑なレイアウトの文書

7 <フォントの色>のここをクリックして、

8 目的の色をクリックすると、

9 ワードアートの文字の書式が変更されます。

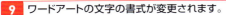

3 ワードアートを移動する

1 ワードアートの枠線にマウスポインターを合わせ、形が変わった状態で、

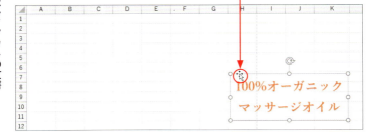

2 移動したい場所までドラッグすると、

第3章 複雑なレイアウトの文書

3 ワードアートが移動します。

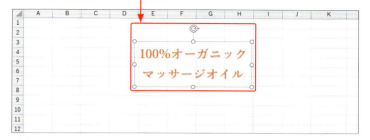

Hint

文字の枠線の色を変更するには?

ワードアートの文字の枠線の色を変更するには、ワードアートをクリックして選択し、＜図形の書式＞タブの＜文字の輪郭＞の ▼ をクリックし、目的の色をクリックします。

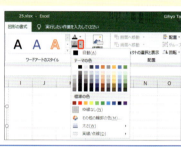

StepUp

ワードアートに効果を設定する

＜図形の書式＞タブの＜文字の効果＞を利用すると、ワードアートに、影、反射、光彩、面取り、3-D回転、変形の効果を設定することができます。

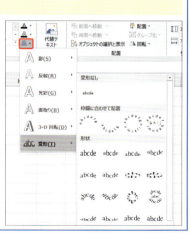

Section 26　第3章・複雑なレイアウトの文書

画像を挿入する

シートには、デジタルカメラで撮影した画像や、作成したイラストなど、さまざまな**画像を挿入**できます。ここでは、パソコンに保存されている画像を挿入する方法を解説します。

1 パソコンに保存されている画像を挿入する

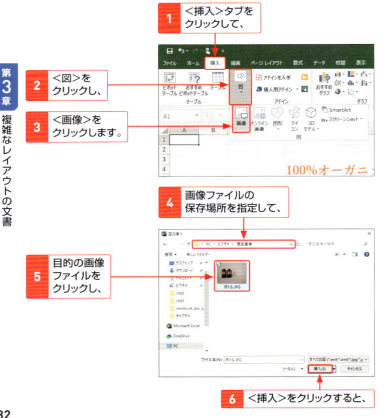

1. <挿入>タブをクリックして、
2. <図>をクリックし、
3. <画像>をクリックします。
4. 画像ファイルの保存場所を指定して、
5. 目的の画像ファイルをクリックし、
6. <挿入>をクリックすると、

82

7 画像が挿入されます。

StepUp

オンライン画像の挿入

シートには、インターネットで検索した画像を挿入することもできます。その場合は、＜挿入＞タブの＜図＞をクリックして、＜オンライン画像＞をクリックします。ボックスにキーワードを入力して Enter を押すと、検索結果が表示されます。目的の画像をクリックし、＜挿入＞をクリックすると、画像が挿入されます。なお、既定では、検索結果として表示される画像は「クリエイティブ・コモンズ・ライセンス」という著作権ルールに基づいている作品です。作品のクレジット（氏名、作品タイトルなど）を表示すれば利用可能なもの、改変禁止のものなど、作品によって使用条件が異なるので、オンライン画像を利用するときには注意が必要です。

1 キーワードを入力して、

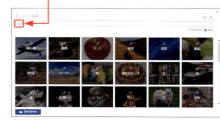

2 Enter を押し、

3 目的の画像をクリックして、

4 ＜挿入＞をクリックします。

第3章 複雑なレイアウトの文書

Section 27 画像を編集する

第3章・複雑なレイアウトの文書

シートに挿入した画像は、<図の形式>タブを利用すると、画像を**修整**したり、必要な部分だけを**トリミング**したりできます。また、**サイズを変更**したり、**移動**したりすることもできます。

1 画像の明るさとコントラストを調整する

1 画像をクリックして選択し、

2 <図の形式>タブをクリックして、

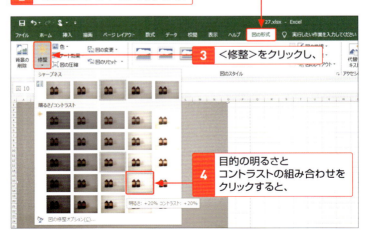

3 <修整>をクリックし、

4 目的の明るさとコントラストの組み合わせをクリックすると、

5 明るさとコントラストが調整されます。

2 画像の一部を切り抜く

1 画像をクリックして選択し、

2 <図の形式>タブをクリックして、

3 <トリミング>のここをクリックすると、

4 画像の周囲に黒いハンドルが表示されるので、マウスポインターを合わせ、形が変わったら、

5 ドラッグして切り抜く範囲を指定し、

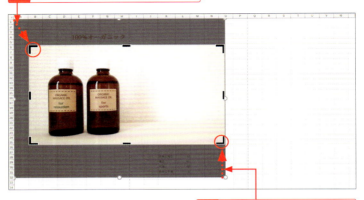

6 他のハンドルもドラッグして、Escを押すと、

7 トリミングが確定します。

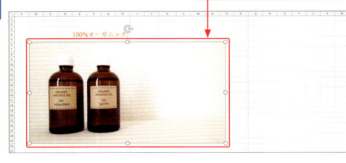

Memo

トリミングの確定

トリミングを確定するには、画像以外の部分をクリックするか、Escを押します。また、<図の形式>タブの<トリミング>のアイコン部分をクリックしても行えます。

Hint

画像の削除

挿入した画像を削除するには、画像をクリックして選択し、DeleteまたはBackSpaceを押します。

3 画像の位置とサイズを変更する

1 画像にマウスポインターを合わせ、形が🔾に変わったら、

2 目的の位置までドラッグすると、

Memo

画像の移動

画像を移動するには、画像にマウスポインターを合わせ、形がに変わったら、目的の位置までドラッグします。このとき、Shiftを押しながらドラッグすると、垂直・水平に移動できます。

3 画像が移動します。

4 画像の周囲のハンドルにマウスポインターを合わせ、形が🔾に変わったら、

Memo

**ドラッグ操作での
サイズ変更**

画像を選択すると、周囲に表示される白いハンドルをドラッグすると、画像のサイズを変更することができます。このとき、四隅のハンドルをドラッグすると、画像の縦横比が保持されます。

5 目的のサイズになるようにドラッグすると、

6 画像のサイズが変わります。

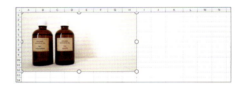

StepUp

画像のサイズを数値で指定する

画像のサイズを数値で指定するには、画像を選択し、＜図の形式＞タブの＜高さ＞または＜幅＞のいずれかのボックスに数値を入力し、Enterを押すと、画像の縦横比を保持してもう一方の数値が自動的に変更されます。

StepUp

画像にスタイルを設定する

「スタイル」とは、枠線や影、ぼかし、3-D回転などの書式を組み合わせたもののことで、画像にスタイルを適用すると、かんたんに修飾することができます。画像にスタイルを設定するには、＜図の形式＞タブの＜図のスタイル＞グループを利用します。

4 画像とワードアートの重なり順を変更する

1 画像をクリックして選択し、

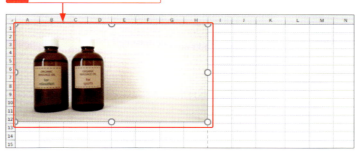

2 <図の形式>タブをクリックして、

3 <背面へ移動>のここをクリックし、

4 <最背面へ移動>をクリックすると、

5 画像が最背面に移動し、ワードアートが前面に表示されます。

Section 28

第3章・複雑なレイアウトの文書

テキストボックスで
文字を配置する

「テキストボックス」を利用すると、セルに関係なく、自由な位置に文字を配置することができます。テキストボックスは、横書きと縦書きの2種類あります。

1 テキストボックスを作成する

1 ＜挿入＞タブの＜テキスト＞をクリックして、

2 ＜テキストボックス＞をクリックし、

3 ＜横書きテキストボックスの描画＞をクリックします。

4 テキストボックスを作成したい位置でクリックすると、

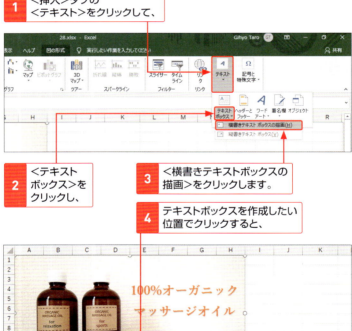

5 テキストボックスが作成されるので、

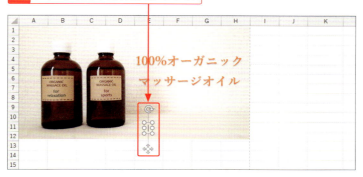

6 文字を入力します。

Memo

縦書きのテキストボックスの作成

縦書きのテキストボックスを作成するには、手順 3 で＜縦書きテキストボックス＞をクリックし、横書きテキストボックスと同様に作成します。

Hint

テキストボックスを削除するには？

テキストボックスを削除するには、テキストボックスの枠線をクリックして選択し、Delete または BackSpace を押します。

Section 29 第3章・複雑なレイアウトの文書

テキストボックスの書式を変更する

テキストボックスの**文字の色**や**フォントサイズ**は、セルの文字と同様に＜ホーム＞タブで変更できます。また、テキストボックスは**移動**させることができます。

1 テキストボックスの文字の書式を変更する

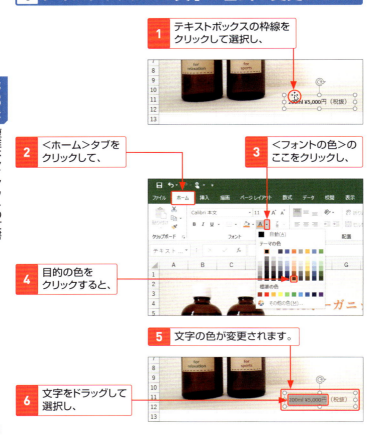

1 テキストボックスの枠線をクリックして選択し、

2 ＜ホーム＞タブをクリックして、

3 ＜フォントの色＞のここをクリックし、

4 目的の色をクリックすると、

5 文字の色が変更されます。

6 文字をドラッグして選択し、

7 ＜フォントサイズ＞の ここをクリックして、

8 目的のフォントサイズを クリックすると、

9 フォントサイズが変更されます。

10 同様にフォントサイズを 10.5ptに変更します。

> **StepUp**
>
> **テキストボックスの色の変更**
>
> テキストボックスの枠線や塗りつぶしの色は、＜図形の書式＞タブの＜図形の枠線＞や＜図形の塗りつぶし＞から変更できます。また、スタイルを設定することもできます。

2 テキストボックスを移動する

1 テキストボックスの枠線にマウスポインターを合わせ、

2 ドラッグすると、テキストボックスが移動します。

第3章 複雑なレイアウトの文書

93

Section 30

第3章・複雑なレイアウトの文書

記号や特殊文字を入力する

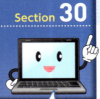

「☎」や「★」などの記号や、「㎡」、「℃」などの特殊文字を入力する場合は、記号の読みを入力して変換するか、＜記号と特殊文字＞ダイアログボックスを利用します。

1 電話の記号を入力する

1 記号を入力する位置にカーソルを移動し、

Memo

記号の入力

記号を入力する場合は、「でんわ」「ゆうびん」「まる」「へいほうめーとる」などの読みを入力すると、変換候補に記号が表示されます。

2 「でんわ」と入力して、

3 Space を2回押すと、

4 変換候補が表示されます。

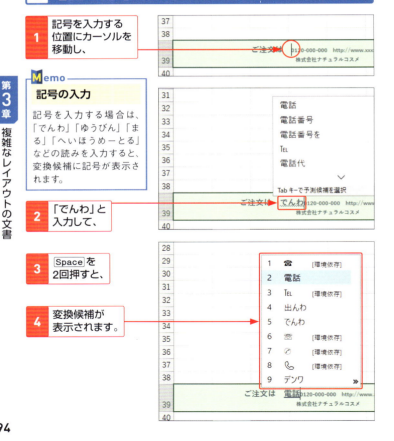

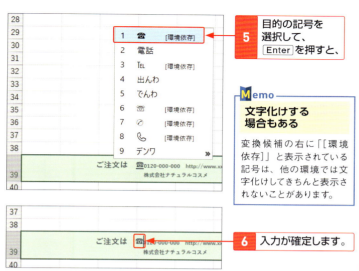

Memo

文字化けする場合もある

変換候補の右に「[環境依存]」と表示されている記号は、他の環境では文字化けしてきちんと表示されないことがあります。

Memo

＜記号と特殊文字＞ダイアログボックスの利用

記号は、＜挿入＞タブの＜記号と特殊文字＞グループの＜記号と特殊文字＞をクリックすると表示される＜記号と特殊文字＞ダイアログボックスからも入力できます。

第3章 複雑なレイアウトの文書

Section 31 第3章・複雑なレイアウトの文書

グラフを挿入する

文書に**グラフ**を挿入すると、データを視覚的に表現できます。グラフにはさまざまな種類があるので、データの内容に応じてグラフの種類を決めます。

1 グラフを作成する

1 グラフの元になるデータを入力しておきます。

2 グラフの元になるセル[K28:L31]をドラッグして選択し、

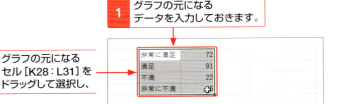

3 <挿入>タブをクリックして、

4 <おすすめグラフ>をクリックします。

Memo

クイック分析の利用

グラフの元になるセル範囲を選択すると表示される<クイック分析>をクリックして、<グラフ>をクリックし、目的のグラフの種類をクリックしても、グラフを挿入できます。

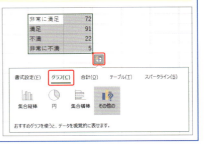

5 作成するグラフ（ここでは<円>）をクリックして、

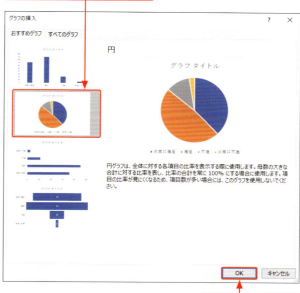

6 <OK>をクリックすると、

Hint

目的のグラフがない場合は？

<グラフの挿入>ダイアログボックス>の<おすすめグラフ>タブに目的のグラフがない場合は、<すべてのグラフ>タブを表示すると、すべてのグラフの種類が表示されます。

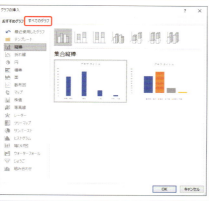

第3章 複雑なレイアウトの文書

7 グラフが挿入されます。

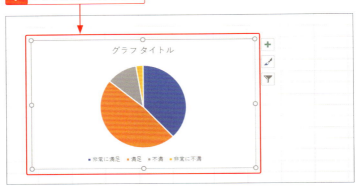

2 グラフ位置とサイズを変更する

1 グラフエリアの何もないところにマウスポインターを合わせ、形が位に変わったら、

2 目的の位置までドラッグすると、

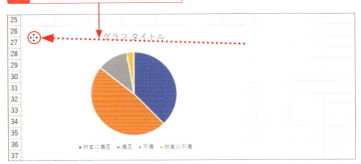

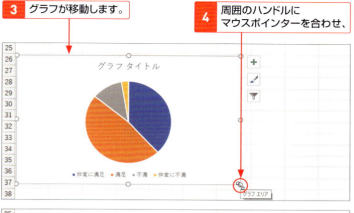
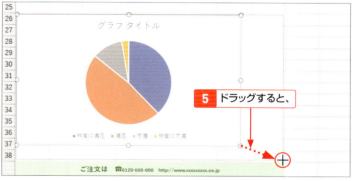
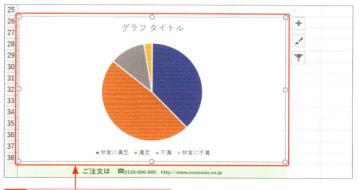

Section 32 グラフを見やすく編集する

第3章・複雑なレイアウトの文書

作成したグラフのグラフタイトルや凡例などの**グラフ要素**は、編集したり、**表示/非表示を切り替え**たりすることができます。グラフの編集は、＜グラフのデザイン＞タブや＜書式＞タブを利用します。

1 グラフタイトルを入力する

Memo

グラフタイトルの書式設定

グラフタイトルのフォントやフォントサイズ、フォントなどは＜ホーム＞タブで、塗りつぶしの色や枠線の色などは＜書式＞タブで変更できます。

1 グラフタイトルの文字をドラッグして選択し、

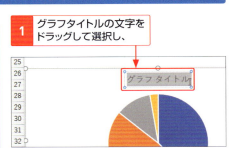

2 文字を入力して、

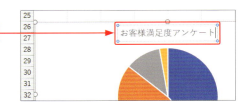

3 フォントサイズを11ptに変更します。

第3章 複雑なレイアウトの文書

100

2 凡例を非表示にする

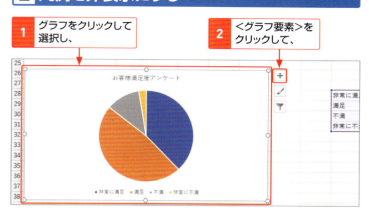

1 グラフをクリックして選択し、
2 <グラフ要素>をクリックして、

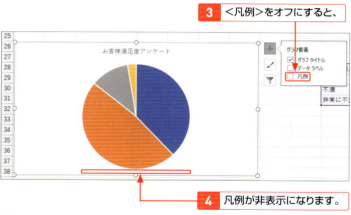

3 <凡例>をオフにすると、
4 凡例が非表示になります。

Memo

グラフ要素はグラフの種類によって異なる

グラフの種類によって、追加できるグラフ要素は異なります。集合縦棒グラフの場合は、右図のようになります。

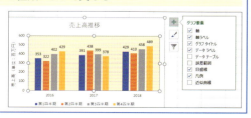

3 データラベルを表示する

1 グラフをクリックして選択し、

2 <グラフのデザイン>タブの<グラフ要素を追加>をクリックして、

3 <データラベル>をポイントし、

4 <その他のデータラベルオプション>をクリックします。

5 <ラベルの内容>の<分類名>と<パーセンテージ>をオンにし、

StepUp

グラフ全体の配色の変更

グラフの配色の変更は、<グラフのデザイン>タブの<色の変更>から行えます。

6 <区切り文字>を<改行>に設定して、

7 <ラベルの位置>で<自動調整>をクリックすると、

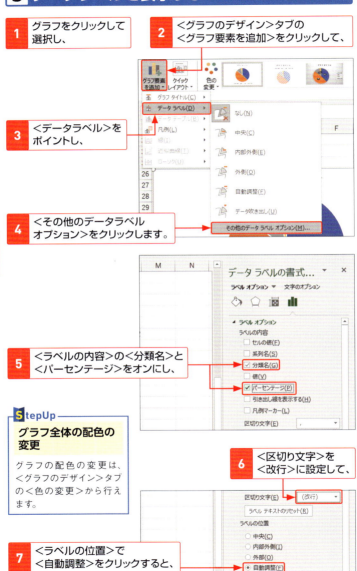

第3章 複雑なレイアウトの文書

8 データラベルが表示されます。

StepUp

<書式>タブの利用

<書式>タブからは、グラフの書式に関する設定を行えます。<図形の塗りつぶし>からデータ系列の色を個別に設定したり、<ワードアートのスタイル>グループからグラフタイトルにワードアートを設定したりすることができます。

Memo

グラフ要素

グラフを構成する要素のことを「グラフ要素」といいます。おもなグラフ要素は、下図のとおりです。

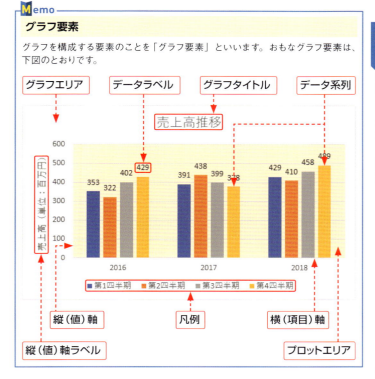

第3章 複雑なレイアウトの文書

Section 33　第3章・複雑なレイアウトの文書

図表を作成する

「SmartArt」を利用すると、あらかじめ用意されたテンプレートを利用して、デザインされたワークフローや階層構造などを示す図表を素早く作成することができます。

1 SmartArtを挿入する

1. <挿入>タブをクリックし、
2. <図>をクリックして、
3. <SmartArt>をクリックし、

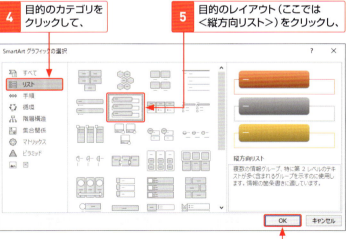

4. 目的のカテゴリをクリックして、
5. 目的のレイアウト（ここでは<縦方向リスト>）をクリックし、
6. <OK>をクリックすると、

7 SmartArtが挿入されます。

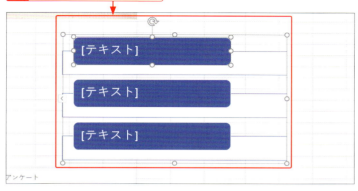

2 SmartArtに文字を入力する

1 図形をクリックして選択し、

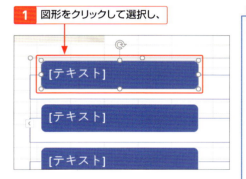

2 文字を入力します。

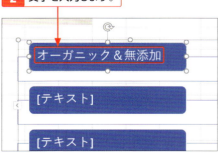

Hint
図形の追加

SmartArtに同じレベルの図形を追加するには、図形を選択し、＜SmartArtのデザイン＞タブの＜図形の追加＞の をクリックして＜後に図形を追加＞または＜前に図形を追加＞をクリックします。また、レベルの異なる図形を追加するには、＜SmartArtのデザイン＞タブの＜図形の追加＞の をクリックし、＜上に図形を追加＞または＜下に図形を追加＞をクリックします。

> **Memo**
>
> **複行行の入力**
>
> 1つの図形に複数の項目を入力する場合は、Enter を押して改行します。また、文字数に応じて、フォントサイズは自動的に変更されます。

3 他の図形にも文字を入力します。

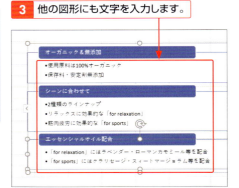

3 SmartArtの位置とサイズを変更する

1 SmartArtの枠線にマウスポインターを合わせ、形が ✥ に変わったら、

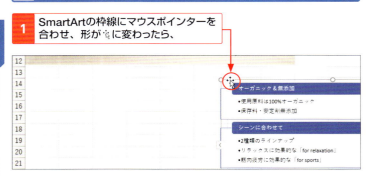

2 目的の位置までドラッグすると、

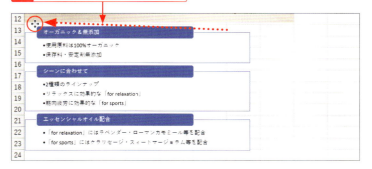

3 SmartArtが移動します。

4 周囲のハンドルにマウスポインターを合わせ、

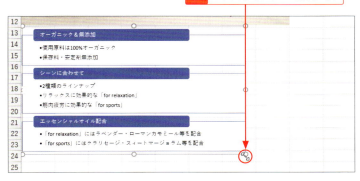

5 ドラッグすると、

6 SmartArtのサイズが変わります。

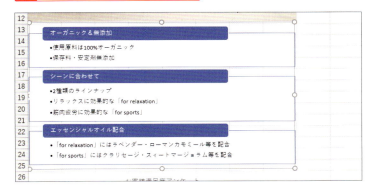

Section 34

第3章・複雑なレイアウトの文書

文書全体のデザインを変更する

文書の配色やフォントなどをまとめて設定できる「テーマ」を利用すると、文書のデザインをかんたんに変更することができます。また、配色だけ、フォントだけを変更することも可能です。

1 テーマを変更する

1 <ページレイアウト>タブをクリックして、

Keyword

テーマ

「テーマ」は、文書のデザインをかんたんに整えることのできる機能で、文書全体のデザインと、本文や図形などに使用する色の組み合わせである「配色」、英数字用の見出しと本文、日本語文字用の見出しと本文の4種類のフォントの組み合わせである「フォント」、グラフや図形のスタイルなどの「効果」の3つの要素から成り立っています。

2 <テーマ>をクリックし、

3 目的のテーマをクリックすると、

4 テーマが変更されます。

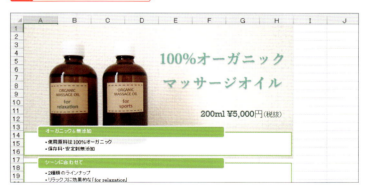

Hint

レイアウトがくずれる?

ワードアートやSmartArt、グラフを配置している文書でテーマを変更すると、テーマによってはレイアウトがくずれてしまう場合があります。また、フォントが変更されることで、レイアウトがくずれることもあります。そのため、テーマはなるべく最初に設定します。

第3章 複雑なレイアウトの文書

2 フォントパターンを変更する

1 <ページレイアウト>タブをクリックして、
2 <フォント>をクリックし、
3 目的のフォントパターンをクリックすると、

4 テーマのフォントが変更されます。

StepUp

配色を変更する

文書の文字や図形、図表などの色使いを一括で変更したい場合は、<ページレイアウト>タブの<配色>をクリックし、目的の配色パターンをクリックします。

第4章

自動計算や入力コントロールができる便利な文書

Section		
	35	4章で作成する文書
	36	Excelの計算機能を利用する
	37	合計を求める関数を入力する
	38	消費税を計算する
	39	「商品番号」に対応する「商品名」を自動表示する
	40	空欄の場合のエラーや「0」を非表示にする
	41	数値に桁区切りの「,（カンマ）」を表示する
	42	数式が編集されないように保護する
	43	日付のみ入力できるようにする
	44	入力時にメッセージを表示する
	45	リストから選択できるようにする
	46	チェックボックスを作る
	47	ファイルにパスワードを設定する

Section 35

第4章・自動計算や入力コントロールができる便利な文書

4章で作成する文書

この章では、基本的な**数式**や**関数**を利用した「見積書」と、**フォームコントロール**を利用した「アンケート」を作成します。アンケートはかんたんに入力できるよう、チェックボックスなどを配置します。

1 見積書とアンケートを作成する

この章で作成する文書

見積書

数式や関数を利用して、見積書を作成します（Sec.36〜42参照）。

アンケート

データの入力規則やフォームコントロールを利用して、アンケートを作成します（Sec.43〜47参照）。

2 文書作成のポイント

数式と関数を入力する

別表のデータを元に、「商品番号」を入力すると、「商品名」と「単価」が表示されるようにします。

「単価」×「数量」で「価格」を求めます。

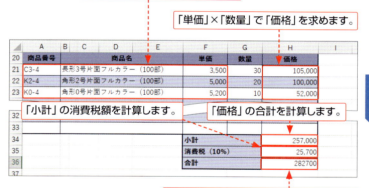

「小計」の消費税額を計算します。　「価格」の合計を計算します。

「小計」と「消費税」の合計を計算します。

フォームコントロールを利用する

リストから選択できるようにします。

オプションボタンやチェックボックスを配置します。

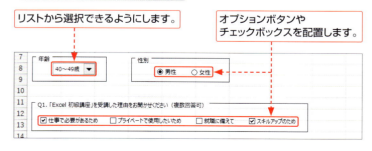

Section 36 第4章・自動計算や入力コントロールができる便利な文書

Excelの計算機能を利用する

数式は、「=」と数値、算術演算子（+、-、*、/）などで構成します。ここでは、「御見積合計金額」が「合計」と同じ数値が表示される数式と、「単価」と「数量」を掛けて「価格」を求める数式を入力します。

1 他のセルと同じ値を表示する

1 セル [D17] をクリックして選択し、　**2** 半角で「=」を入力して、

3 セル [H36] をクリックすると、

4 セル番地が入力されます。

Memo ― 数式の入力

数式は、計算結果を表示させるセルに入力します。「=」の後に、数値や算術演算子を付けて計算式を作成します。これらはすべて半角で入力する必要があります。

5 Enter を押すと、

6 計算結果が表示されます。

セル [H36] が空欄なので「0」と表示されます。

2 「価格」を求める数式を入力する

1 セル [H21] をクリックして選択し、　　**2** 半角で「=」を入力して、

	A	B	C	D	E	F	G	H	I
19									
20	商品番号			商品名		単価	数量	価格	
21								=	
22									
23									

3 セル [F21] をクリックし、

	A	B	C	D	E	F	G	H	I
19									
20	商品番号			商品名		単価	数量	価格	
21								=F21	
22									
23									

4 「*」を入力して、

	A	B	C	D	E	F	G	H	I
19									
20	商品番号			商品名		単価	数量	価格	
21								=F21*	
22									
23									

Memo

算術演算子を使用した数式

上の手順では、「単価」と「数量」を掛けて「価格」を求める数式を入力しています。掛け算は「*」を使います。なお、足し算は「+」、引き算は「-」、割り算は「/」を使用します。

Hint

数式の入力を取り消すには?

数式の入力を取り消すには、Escを押します。

第4章　自動計算や入力コントロールができる便利な文書

115

5 セル [G21] をクリックし、

数式バー（下段の「Memo」参照）。

6 Enter を押すと、

7 計算結果が表示されます。

セル[F21]と[G21]が空欄なので、「0」と表示されます。

Memo

セル参照の利用

数式の中で数値の代わりにセル番地を使用することを、「セル参照」といいます。セル番地を指定する場合は、目的のセルをクリックするか、キーボードで入力します。上の手順の場合は、セル [F21] と [G21] の数値が変更されると、自動的に計算結果が更新されます。

Memo

数式バーへの数式の入力

数式は、数式バーから入力することもできます。数式を入力するセルを選択し、数式バーに数式を入力します。

3 数式をコピーする

1 セル [H21] をクリックして選択し、

2 フィルハンドルにマウスポインターを合わせると、形が ✚ に変わるので、

3 セル [H33] までドラッグし、

Memo

数式のコピー

同じ数式を隣接するセルに入力する場合は、セルをコピーします。数式の入力されたセルをコピーすると、数式中のセル番地が自動的に修正されるため、行や列が変わっても、正しい計算結果が表示されます。

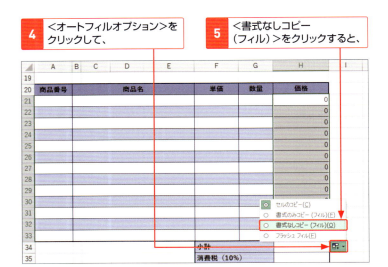

Memo

書式なしでコピー

数式の入力されたセルをコピーすると、数式だけでなく、書式もコピーされます。この見積書の場合、1行おきに色が付いていますが、セルをそのままコピーすると、セル [H21] の書式がコピーされて色がなくなってしまうため、書式なしでコピーしています。

4 計算結果を確認する

1 「単価」と「数量」に数値を入力すると、
2 計算結果が表示されます。

Hint

セル番地がずれないようにするには？

数式をコピーしたときに、数式中のセル番地がずれてしまうと、正しい計算結果を得られないことがあります。数式中のセル番地を固定したい場合は、「絶対参照」を利用します。絶対参照に切り替えるには、数式を入力している際に、計算対象となるセルをクリックした後、F4 を押すか、行番号と列番号の間にそれぞれ半角の「$(ドル)」を入力します。

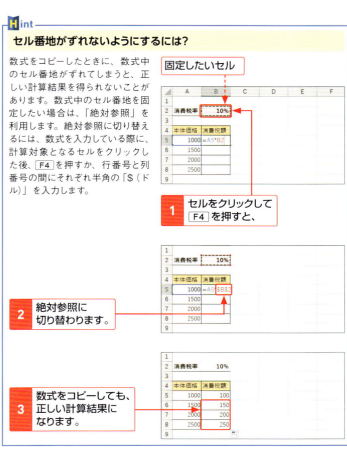

固定したいセル

1 セルをクリックして F4 を押すと、

2 絶対参照に切り替わります。

3 数式をコピーしても、正しい計算結果になります。

第4章 自動計算や入力コントロールができる便利な文書

Section 37 第4章・自動計算や入力コントロールができる便利な文書

合計を求める関数を入力する

このセクションでは、「価格」の合計「小計」と、「小計」と「消費税」の「合計」を求めます。合計は足し算でも求められますが、数が多い場合は、セル範囲の合計を求める「SUM関数」を利用します。

1 「小計」を求める

1 セル [H34] をクリックして選択し、

	A	B	C	D	E	F	G	H	I
20	商品番号			商品名		単価	数量	価格	
21						3500	30	105000	
22						5000	20	100000	
23								0	
24								0	
25								0	
26								0	
27								0	
28								0	
29								0	
30								0	
31								0	
32								0	
33								0	
34							小計		
35							消費税（10%）		
36							合計		

2 <ホーム>タブの<合計>をクリックすると、

合計を求めるセル範囲が自動的に破線で囲まれます。

3 SUM関数が挿入されて、計算式の内容が表示されるので、

4 Enterを押すと、

5 計算結果が表示されます。

Memo

SUM関数

「SUM関数」は、指定された数値の合計を求める関数です。

書式：＝SUM（数値1,数値2,…）
関数の分類：数学/三角

2 「合計」を求める

1 セル [H36] をクリックして選択し、

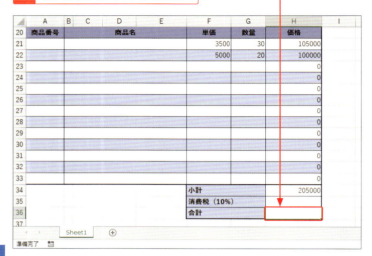

2 <ホーム>タブの<合計>をクリックすると、

Memo

セル範囲の修正

<ホーム>タブの<オートSUM>をクリックしたとき、自動的に対象となるセル範囲を変更する場合は、右頁の手順のように、セル範囲の枠線をドラッグして、変更します。また、離れたセルを選択する場合は、Ctrlを押しながらセルを選択します。

3 計算式の内容が表示されます。

4 枠線の右下隅にマウスポインターを合わせ、

5 セル [H35] までドラッグし、

6 Enter を押すと、

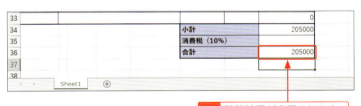

7 計算結果が表示されます。

Memo

<合計>の利用

<ホーム>タブの<合計> Σ・ の ・ をクリックすると、SUM関数以外にも、次の関数を入力できます。

項 目	関 数	内 容
平均	AVERAGE	指定されたセル範囲の平均を求めます。
数値の個数	COUNT	指定されたセル範囲の数値の個数を求めます。
最大値	MAX	指定されたセル範囲の最大値を求めます。
最小値	MIN	指定されたセル範囲の最小値を求めます。

Section 38 第4章・自動計算や入力コントロールができる便利な文書

消費税を計算する

ここでは、「消費税（10%）」欄に、「小計」の10%の消費税額を計算する式を入力します。消費税額に1円未満の端数が生じた場合は、**端数を切り捨てる**ように、**「ROUNDDOWN関数」**を利用します。

1 消費税を計算して1円未満を切り捨てる

1 セル[H35]をクリックして選択し、

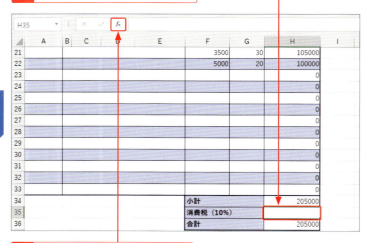

2 <関数の挿入>をクリックします。

ROUNDDOWN関数

「ROUNDDOWN関数」は、指定した桁数で数値を切り捨てる関数です。引数「数値」には、切り捨てる対象となる数値やセルを指定します。「桁数」には、切り捨てた結果の小数点以下の桁数を指定します。

書式：＝ROUNDDOWN（数値,桁数）
関数の分類：数学/三角

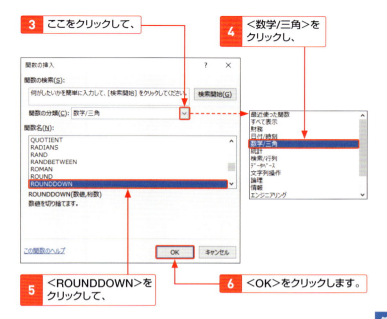

Memo

<数式>タブの利用

ROUNDDOWN関数は、<数式>タブの<数学/三角>をクリックして、<ROUNDDOWN>をクリックしても、挿入できます。<関数の引数>ダイアログボックスが表示されるので、次頁の手順7以降の手順に従います。

Hint

四捨五入するには?

指定した桁数で数値を四捨五入するには、「ROUND関数」を利用します。引数「数値」には、四捨五入の対象となる数値やセルを指定します。「桁数」には、四捨五入した結果の小数点以下の桁数を指定します。

書式:=ROUND(数値,桁数)
関数の分類:数学/三角

7 <数値>欄をクリックして、

	A	B	C	D	E	F	G	H	I
21						3500	30	105000	
22						5000	20	100000	
23								0	
24								0	
25								0	
26								0	
27								0	
28								0	
29								0	
30								0	
31								0	
32								0	
33								0	
34						小計		205000	
35						消費税（10%）		(H34)	
36						合計		205000	

8 セル [H34] をクリックし、

Hint

数値を切り上げるには？

指定した桁数で数値を切り上げるには、「ROUNDUP関数」を利用します。引数「数値」には、切り上げる対象となる数値やセルを指定します。「桁数」には、切り上げた結果の小数点以下の桁数を指定します。

書式：＝ROUNDUP（数値,桁数）
関数の分類：数学/三角

9 「*0.1」と入力して、

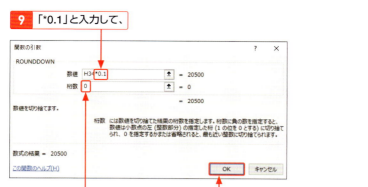

10 「0」と入力し、

11 <OK>をクリックすると、

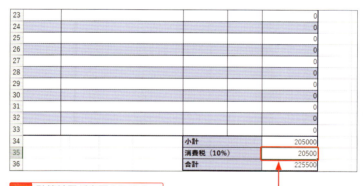

12 計算結果が表示されます。

Memo

桁数の指定

桁数で指定する数は、次のようになります。ここでは、小数点以下を切り捨てるので、「0」を指定します。

- ・2　　小数点以下第3位を切り捨てます。
- ・1　　小数点以下第2位を切り捨てます。
- ・0　　小数点以下第1位を切り捨てます。
- ・-1　　1の位を切り捨てます。
- ・-2　　10の位を切り捨てます。

Section 39 第4章・自動計算や入力コントロールができる便利な文書

「商品番号」に対応する「商品名」を自動表示する

このセクションでは、「VLOOKUP関数」と、「商品番号」「商品名」「単価」を入力した別表を利用して、「商品番号」を入力すると、それに対応した「商品名」と「単価」が自動的に表示されるようにします。

1 「商品番号」に対応する「商品名」が表示されるようにする

1 見積書と同じシートに「商品番号」「商品名」「単価」を入力した別表を作成しておきます。

商品リスト

商品番号	商品名	単価
C3-1	長形3号片面モノクロ（100部）	3000
C3-2	長形3号片面2色（100部）	3200
C3-4	長形3号片面フルカラー（100部）	3500
Y3-1	洋長3号片面モノクロ（100部）	3000
Y3-2	洋長3号片面2色（100部）	3200
Y3-4	洋長3号片面フルカラー（100部）	3500
K2-1	角形2号片面モノクロ（100部）	4000
K2-2	角形2号片面2色（100部）	4500
K2-4	角形2号片面フルカラー（100部）	5000
K0-1	角形0号片面モノクロ（100部）	4500
K0-2	角形0号片面2色（100部）	4800
K0-4	角形0号片面フルカラー（100部）	5200

Memo

VLOOKUP関数

「VLOOKUP関数」は、引数「範囲」で指定した範囲の1列めを基準に検索し、引数「検索値」と同じ値のある行と、引数「列番号」で指定した列が交差するセルの値を返す関数です。「検索方法」に「FALSE」を指定したときは、「検索値」と完全に一致するデータだけを検索します。「TRUE」と指定したときは、検索値が見つからない場合に、検索値未満の最大値を返します。

書式：=VLOOKUP（検索値,範囲,列番号,検索方法）
関数の分類：検索/行列関数

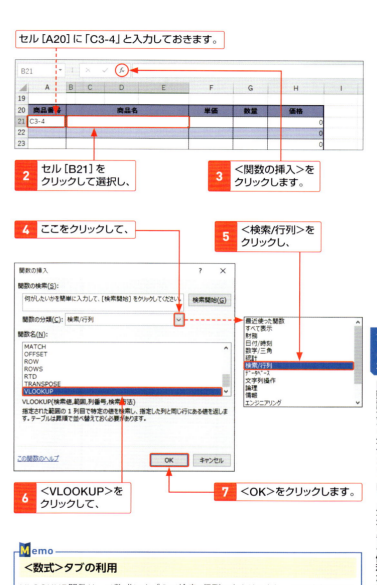

Memo

<数式>タブの利用

VLOOKUP関数は、<数式>タブの<検索/行列>をクリックし、<VLOOKUP>をクリックしても、挿入できます。<関数の引数>ダイアログボックスが表示されるので、次頁の手順 8 以降の手順に従います。

第4章 自動計算や入力コントロールができる便利な文書

8 <検索値>欄をクリックして、

9 セル [A21] をクリックし、

10 <範囲>欄をクリックして、

Memo

検索値の指定

<検索値>には、検索するデータを指定します。ここでは、「商品番号」が入力されているセル [A21] を指定します。

11 セル[K21:M32]をドラッグして選択し、

Memo

範囲の指定

<範囲>には、別表のセル範囲を指定します。関数をコピーしたときに、セル番地がずれないようにするため、F4 を押して絶対参照に切り替えます。

K	L	M
商品リスト		
商品番号	商品名	単価
C3-1	長形3号片面モノクロ（100部）	3000
C3-2	長形3号片面2色（100部）	3200
C3-4	長形3号片面フルカラー（100部）	3500
Y3-1	洋長3号片面モノクロ（100部）	3000
Y3-2	洋長3号片面2色（100部）	3200
Y3-4	洋長3号片面フルカラー（100部）	3500
K2-1	角形2号片面モノクロ（100部）	4000
K2-2	角形2号片面2色（100部）	4500
K2-4	角形2号片面フルカラー（100部）	5000
K0-1	角形0号片面モノクロ（100部）	4500
K0-2	角形0号片面2色（100部）	4800
K0-4	角形0号片面フルカラー（100部）	

12 F4 を押すと、

13 絶対参照に切り替わります。

14 「2」と入力して、

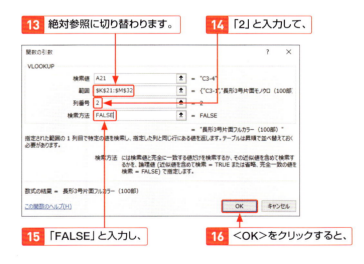

15 「FALSE」と入力し、

16 <OK>をクリックすると、

Memo

列番号の指定

<列番号>には、<範囲>で指定したセル範囲の、左から何列めの値を表示させるかを指定します。ここでは、「商品名」が表示されるようにします。「商品名」が入力されているのは、別表の左から2列めなので、「2」を指定します。

17 「商品名」が表示されます。

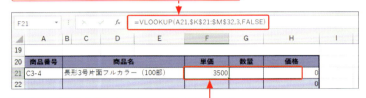

=VLOOKUP(A21,$K$21:$M$32,3,FALSE)

18 同様にセル [F21] に「単価」が表示されるように、VLOOKUP関数を入力します。

2 関数をコピーする

1 セル [B21] をクリックして選択し、

2 フィルハンドルにマウスポインターを合わせると、形が＋に変わるので、

Memo

「単価」を表示させるVLOOKUP関数

セル [F21] には、「単価」を表示させるVLOOKUP関数を入力します。「商品名」の場合と同様、＜関数の挿入＞ダイアログボックスを表示します。「単価」は別表の左から3列めなので、＜列番号＞で「3」を指定します。それ以外の引数は、「商品名」の場合と同様です。

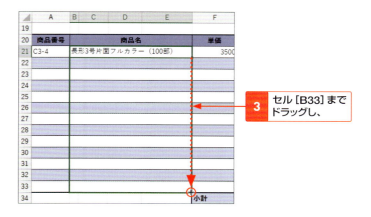

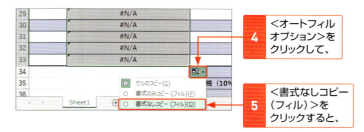

A	B	C	D	E	F
19					
20 商品番号		商品名			単価
21 C3-4	長形3号片面フルカラー（100部）				3500
22		#N/A			
23		#N/A			
24		#N/A			
25		#N/A			
26		#N/A			
27		#N/A			

6 関数だけがコピーされます。

Hint

「#N/A」と表示される?

関数を実行する際に必要なデータが入力されていない場合は、セルにエラー値「#N/A」が表示されます。「商品番号」欄にデータを入力すると、エラーが消え、「商品名」が表示されます。なお、エラー値が表示されないようにすることもできます（Sec.40参照）。

Section 40　第4章・自動計算や入力コントロールができる便利な文書

空欄の場合のエラーや「0」を非表示にする

数式や関数の参照先のセルが空欄になっていると、**エラー**や**「0」**が表示されてしまいます。ここでは、**「IF関数」**を利用して、エラーや「0」が表示されないようにします。

1 エラーが表示されないようにする

1 セル [B21] をクリックして選択し、

| B21 | ▼ | : | × | ✓ | fx | =VLOOKUP(A21,$K$21:$M$32,2,FALSE) |

	A	B	C	D	E	F	G	H	I
19									
20	商品番号		商品名			単価	数量	価格	
21	C3-4	長形3号片面フルカラー（100部）				3500		0	
22		#N/A						0	

2 「=」の次に「IF(A21="","",」と入力して、

| VLOOKUP | ▼ | : | × | ✓ | fx | =IF(A21="","",VLOOKUP(A21,$K$21:$M$32,2,FALSE)) |

	A	B	C	D	E	F	G	H	I
19									
20	商品番号		商品名			単価	数量	価格	
21	C3-4	$M$32,2,FALSE))				3500		0	
22		#N/A						0	

3 最後に「)」と入力し、数式を修正します。

Memo

IF関数

「IF関数」は、指定した条件を満たす場合と、満たさない場合で、それぞれ処理を振り分ける関数です。引数「論理式」で条件を指定し、条件を満たされた場合の値を「真の場合」で、条件を満たされない場合の値を「偽の場合」で指定します。

書式：=IF (論理式,真の場合,偽の場合)
関数の分類：論理関数

4 同様にセル [F21] の数式を修正します。

5 P.117〜118の方法で、セル [B21] の数式をセル [B33] までコピーし、

6 セル [F21] の数式をセル [F33] までコピーします。

Memo

「商品名」欄に入力する関数

「商品名」欄のエラーを非表示にするため、セル [B21] には、「=IF(A21="","",VLOOKUP(A21,$K$21:$M$32,2,FALSE))」となるように数式を修正します。セル [A21] が空白の場合（論理式）は空白（真の場合）、空白でない場合はVLOOKUP関数の値（偽の場合）を返すという意味になります。なお、「""」は空白を意味します。

Memo

「単価」欄に入力する関数

「単価」欄もこのままだと空欄の場合はエラーが表示されるので、セル [F21] には、「=IF(A21="","",VLOOKUP(A21,$K$21:$M$32,3,FALSE))」となるように数式を修正します。

2 「0」が表示されないようにする

1 セル [H21] をクリックして選択し、

2 「=」の次に「IF(A21="","",」と入力して、

3 最後に「)」と入力し、数式を修正します。

Memo

「価格」欄に入力する関数

「価格」欄の「0」を非表示にするため、セル [H21] には、「=IF(A21=
"","",F21*G21)」となるように数式を修正します。

4 P.117〜118の方法で、セル [H33] まで数式をコピーします。

5 「商品番号」「数量」を入力すると、

6 「商品名」「単価」「価格」が表示されることを確認します。

Hint

正しい結果が表示されない場合は？

計算結果が正しく表示されない場合は、数式に誤りがないか確認します。また、関数名や「"」、「,」、「()」などは、すべて半角で入力されているかどうかも確認します。

Section 41　第4章・自動計算や入力コントロールができる便利な文書

数値に桁区切りの「,(カンマ)」を表示する

数値は、3桁ごとに「,(カンマ)」を表示すると、見やすくなります。また、「御見積合計金額」欄は、「〇,〇〇〇円」と表示されるように設定します。これらは、数値の表示形式で設定します。

1 数値に「,(カンマ)」を表示する

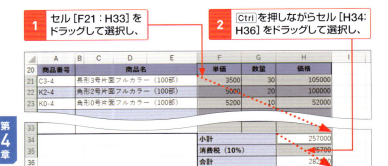

2 「0,000円」と表示する

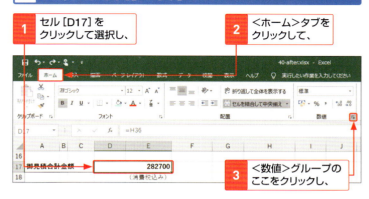

1 セル [D17] をクリックして選択し、
2 <ホーム>タブをクリックして、
3 <数値>グループのここをクリックし、

4 <ユーザー定義>をクリックして、
5 <種類>欄に「#,##0円」と入力して、
6 <OK>をクリックすると、

Memo

「#」と「0」の違い

数値の桁は「#」または「0」で指定します。「#」も「0」も、数字の1桁を表しています。たとえばセルの値が「0」の場合、表示形式が「#」だと「0」は表示されませんが、表示形式を「0」にすると「0」が表示されます。

7 数値の表示形式が変わります。

16		
17	御見積合計金額	282,700円
18		(消費税込み)

Section 42

第4章・自動計算や入力コントロールができる便利な文書

数式が編集されないように保護する

入力欄以外に余計なデータが入力されたり、数式を編集されたりしないように、シートを保護します。シートの保護を解除するときに、パスワードを要求するようにすることもできます。

1 編集を許可するセルを設定する

1 編集を許可するセルを Ctrl を押しながらドラッグして選択し、

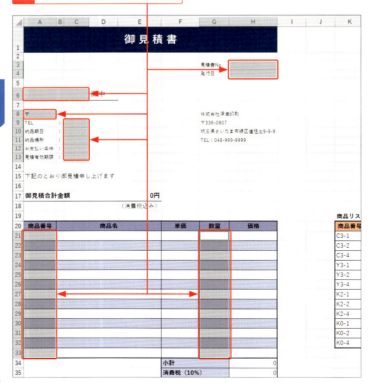

2 <ホーム>タブをクリックして、

3 <書式>をクリックし、

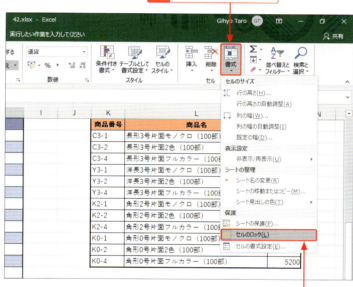

4 <セルのロック>をクリックすると、選択したセルのロックが解除されます。

Memo

セルの編集を防ぐ

数式が編集されたり、入力欄以外のセルにデータを入力されたりするのを防ぐため、シートを保護します。しかし、単純にシートを保護すると、すべてのセルが編集できなくなるため、あらかじめ編集を許可するセルをすべて選択し、セルのロックを解除しておきます。セルのロックを解除した後、シートを保護します。ロックを解除したセルは、シートを保護した後も編集できます。

2 シートを保護する

1 <校閲>タブをクリックして、

2 <シートの保護>をクリックし、

3 シートの保護を解除するためのパスワードを入力して、

4 シートを保護した後に許可する操作をオンにし、

5 <OK>をクリックします。

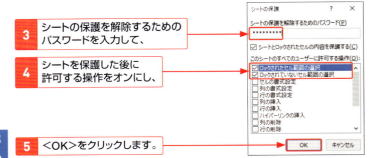

6 再度パスワードを入力し、

7 <OK>をクリックすると、

8 シートが保護されます。

9 ロックされているセルに入力しようとすると、

10 メッセージが表示されます。

第4章 自動計算や入力コントロールができる便利な文書

142

Hint

シートの保護を解除するには？

編集を許可したセル以外も、編集できるようにするには、シートの保護を解除します。＜校閲＞タブの＜シートの保護の解除＞をクリックすると、＜シート保護の解除＞ダイアログボックスが表示されるので、設定したパスワードを入力して、＜OK＞をクリックします。

StepUp

ブックを保護する

シートの移動や削除、追加などの操作が行えないようにするには、ブックを保護します。＜校閲＞タブの＜ブックの保護＞をクリックすると、＜シートの構成とウィンドウの保護＞ダイアログボックスが表示されるので、＜パスワード＞にパスワードを入力して、＜シート構成＞をオンにし、＜OK＞をクリックします。なお、パスワードの入力は、省略することができます。

Section 43

第4章・自動計算や入力コントロールができる便利な文書

日付のみ入力できるようにする

このセクションからは、アンケートの作成方法を解説します。「最終受講日」欄は、「**データの入力規則**」を利用して、**特定期間の日付**だけを入力できるようにします。

1 データの入力規則で日付を設定する

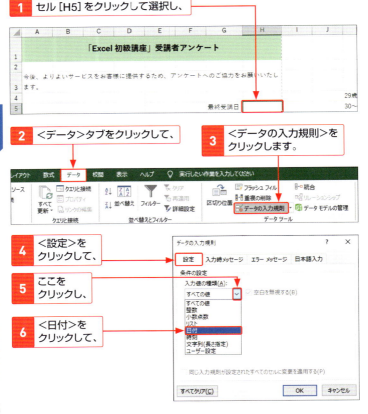

1 セル[H5]をクリックして選択し、

2 <データ>タブをクリックして、

3 <データの入力規則>をクリックします。

4 <設定>をクリックして、

5 ここをクリックし、

6 <日付>をクリックして、

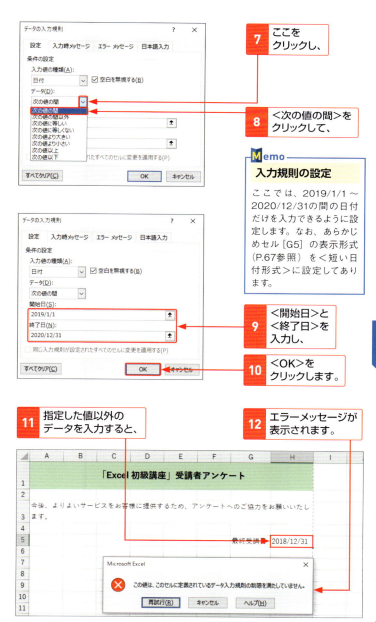

Memo

入力規則の設定

ここでは、2019/1/1～2020/12/31の間の日付だけを入力できるように設定します。なお、あらかじめセル [G5] の表示形式（P.67参照）を＜短い日付形式＞に設定してあります。

第4章 自動計算や入力コントロールができる便利な文書

Section 44　第4章・自動計算や入力コントロールができる便利な文書

入力時にメッセージを表示する

データの入力規則を設定したセルには、セルを選択したときにメッセージを表示させることができます。データを入力するユーザーが、どのような値を入力したらいいのかわかる内容にしましょう。

1 入力時メッセージを設定する

1 セル[H5]をクリックして選択し、

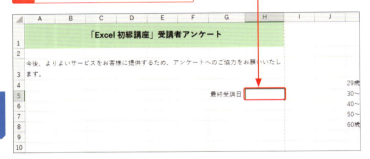

2 <データ>タブをクリックして、

3 <データの入力規則>をクリックします。

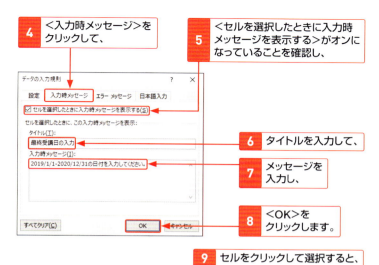

StepUp

エラーメッセージの設定

データの入力規則で設定した値以外のデータを入力したときに表示されるメッセージの内容は、<データの入力規則>ダイアログボックスの<エラーメッセージ>タブで設定できます。

Section 45　第4章・自動計算や入力コントロールができる便利な文書

リストから
選択できるようにする

「フォームコントロール」を利用して、アンケートの回答欄を作成します。「年齢」欄は、「コンボボックス」を利用し、複数の選択肢をリスト形式にして選択できるようにします。

1 <開発>タブを表示する

1 タブを右クリックして、
2 <リボンのユーザー設定>をクリックし、

3 <開発>をオンにして、
4 <OK>をクリックすると、

5 <開発>タブが表示されます。

2 グループボックスを挿入する

1 <開発>タブをクリックして、

2 <挿入>をクリックし、

3 <グループボックス>をクリックして、

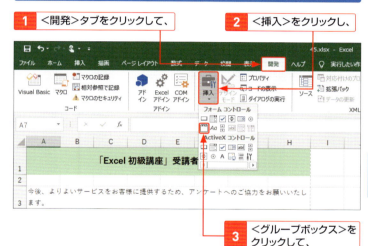

4 シート上をドラッグすると、

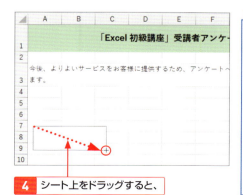

Keyword

グループボックス

「グループボックス」は、フォームコントロールをグループ分けするためのものです。オプションボタンを配置する場合は、グループボックスがないと、シートの中で1つのオプションボタンしか選択できないため、設問ごとにグループボックスで囲む必要があります。

第4章 自動計算や入力コントロールができる便利な文書

5 グループボックスが作成されるので、

6 文字を編集します。

3 コンボボックスを挿入する

1 <開発>タブをクリックして、

2 <挿入>をクリックし、

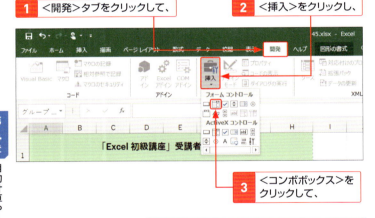

3 <コンボボックス>をクリックして、

4 グループボックスの枠内でドラッグすると、

Keyword

コンボボックス

「コンボボックス」とは、ドロップダウンリストのことで、リストに表示される値から選択して入力します。ここでは、リストに表示される元の値を、あらかじめシート上（セル[K4:K8]）に入力しておきます。

5 コンボボックスが作成されます。

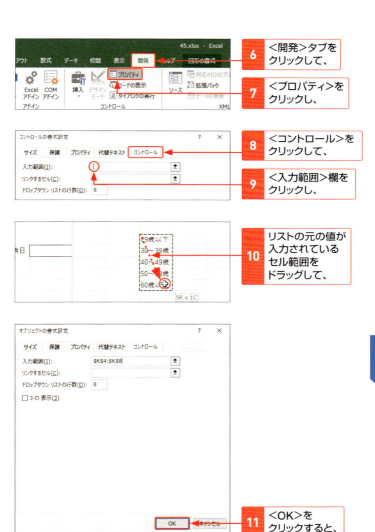

Section 46

第4章・自動計算や入力コントロールができる便利な文書

チェックボックスを作る

該当する項目にマークをつけて回答できるようにします。複数の項目を選択できるようにする場合は「チェックボックス」、1つの項目だけ選択できるようにする場合は「オプションボタン」を利用します。

1 オプションボタンを挿入する

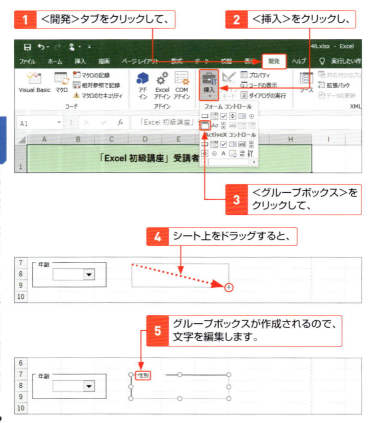

1 <開発>タブをクリックして、
2 <挿入>をクリックし、
3 <グループボックス>をクリックして、
4 シート上をドラッグすると、
5 グループボックスが作成されるので、文字を編集します。

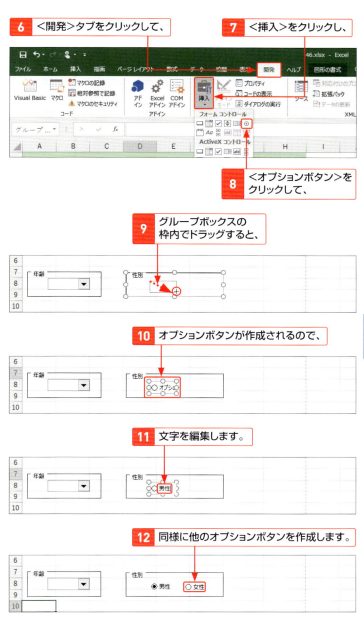

2 チェックボックスを挿入する

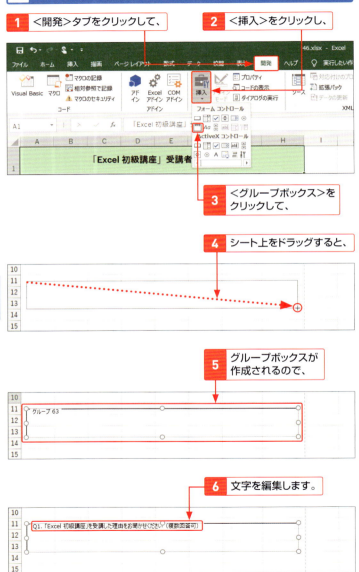

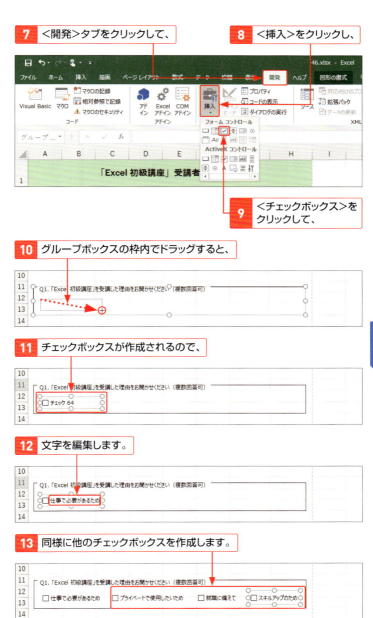

Section 47

第4章・自動計算や入力コントロールができる便利な文書

ファイルにパスワードを設定する

他のユーザーに見られると困るファイルには、**読み取りパスワード**を設定すると、ファイルを開くときにパスワードの入力を要求されます。また、**書き込みパスワード**で編集を制限することもできます。

1 パスワードを設定する

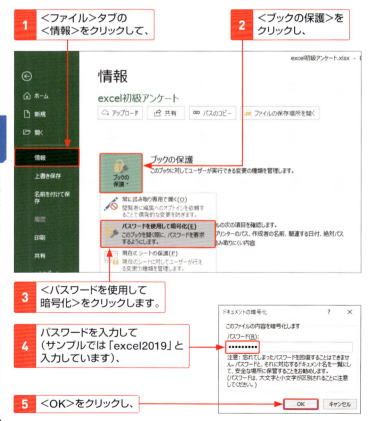

1. <ファイル>タブの<情報>をクリックして、
2. <ブックの保護>をクリックし、
3. <パスワードを使用して暗号化>をクリックします。
4. パスワードを入力して（サンプルでは「excel2019」と入力しています）、
5. <OK>をクリックし、

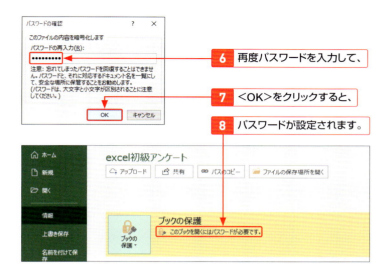

6 再度パスワードを入力して、

7 <OK>をクリックすると、

8 パスワードが設定されます。

2 書き込みパスワードを設定する

1 <名前を付けて保存>ダイアログボックスを表示し(P.■■参照)、

2 <ツール>をクリックして、

3 <全般オプション>をクリックし、

第4章 自動計算や入力コントロールができる便利な文書

157

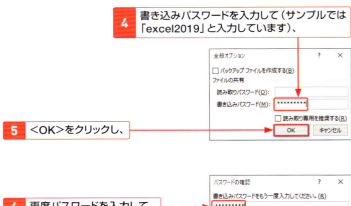

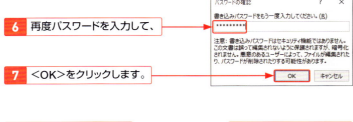

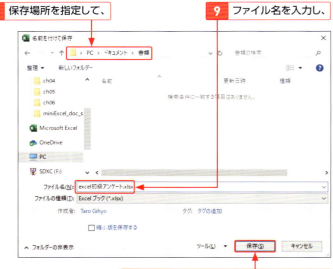

第5章

効率よく作成できる
リストや名簿文書

Section		
	48	5章で作成する文書
	49	「顧客番号」を「0001」と表示する
	50	ふりがなを自動表示する
	51	性別を「男性」「女性」で選択する
	52	入力モードを自動的に切り替える
	53	データを入力する
	54	連続データをかんたんに入力する
	55	上のセルと同じ文字を入力する
	56	名前の姓だけの列をかんたんに作成する
	57	重複データを削除する
	58	表の見出しを固定する

Section 48

第5章・効率よく作成できるリストや名簿文書

5章で作成する文書

この章では、**データベース**の「顧客名簿」を作成します。データベースは、表記の統一や入力を効率化するため、**データの入力規則**を設定します。

1 顧客名簿を作成する

この章で作成する文書

顧客名簿

	A	B	C	D	E	F	G	H	I
1	顧客番号	氏名	フリガナ	性別	生年月日	郵便番号	住所1(都道府県〜番地)	住所2(建物名・部屋番号)	電話番号
2	0001	川端 靖幸	カワバタ ヤスユキ	男性	1972/6/14	248-0002	神奈川県鎌倉市二階堂9-9-9		0467-25-9999
3	0002	津島 修一	ツシマ シュウイチ	男性	1948/6/19	181-0013	東京都三鷹市下連雀9-9-99		0422-70-9999
4	0003	谷崎 妙子	タニザキ タエコ	女性	1965/7/24	658-0052	兵庫県神戸市東灘区住吉東町9-9-9	レジデンス神戸909	078-841-9999
5	0004	平岡 公彦	ヒラオカ キミヒコ	男性	1970/1/14	162-0842	東京都新宿区市谷砂土原町9-9-9	スカイタワー市ヶ谷909	03-9999-9999
6	0005	恩田 紗代	オンダ サヨ	女性	1980/2/2	040-0001	北海道函館区五稜郭町9-9-9		0138-55-9999
7	0006	三浦 公平	ミウラ コウヘイ	男性	1992/3/18	722-0011	広島県尾道市向東9-9-9		0848-38-9999
8	0007	奥山 美空	オクヤマ ミナ	女性	1981/1/20	799-3121	愛媛県伊予市協岡9-9-9		089-982-9999
9	0008	影山 涼	カゲヤマ リョウ	男性	1995/5/31	710-0833	岡山県倉敷市西中新田9-9-9	ハイツ倉敷909	086-426-9999
10	0009	内田 慎輔	ウチダ シンスケ	男性	1962/5/9	329-3443	栃木県那須郡那須町大野9-9-9		0287-72-9999
11	0010	宇佐美 みのり	ウサミ ミノリ	女性	1995/3/19	684-0023	鳥取県境港市京町9-9-9		0859-44-9999
12	0011	藤本 圭史	フジモト ケイシ	男性	1973/7/7	385-0051	長野県佐久市中込9-9-9		0267-62-9999
13	0012	森崎 光美	モリサワ コウミ	女性	1992/6/22	920-0907	石川県金沢市青草町9-9-9		076-232-9999
14	0013	中原 千夏	ナカハラ チナツ	女性	1980/3/31	982-0835	宮城県仙台市太白区松木原町9-9-9		022-206-9999
15	0014	鎌田 美智	カマタ ミスズ	女性	1961/4/3	772-0051	徳島県鳴門市鳴門町高島9-9-9		088-687-1119
16	0015	松田 哲也	マツダ テツヤ	男性	1985/11/28	959-2664	新潟県胎内市東牧出9-9-9		0254-46-9999
17	0017	徳田 有梨	トクダ ユリ	女性	1996/12/24	907-0242	沖縄県石垣市白保9-9-9		0980-86-9999

顧客番号、氏名、性別、生年月日、住所、
電話番号が入力された顧客名簿を作成します。

2 文書作成のポイント

ふりがなを自動で表示させる

	A	B	C	D	E	F	G
1	顧客番号	氏名	フリガナ	性別	生年月日	郵便番号	住所1(都道
2		川端 靖幸	カワバタ ヤスユキ				
3							

関数を利用して、氏名を入力すると、
自動的にふりがなが表示されるようにします。

ドロップダウンリストを設定する

	A	B	C	D	E	F	G
1	顧客番号	氏名	フリガナ	性別	生年月日	郵便番号	住所1（都道
2							
3				男性 女性			
4							

「性別」は、ドロップダウンリストから
選択して、入力できるようにします。

効率的にデータを入力する

	B	C	D	E	F	G
	氏名	フリガナ	性別	生年月日	郵便番号	住所1（都道府県～番地）
	靖幸	カワバタ　ヤスユキ	男性	1972/6/14	248-0002	2 4 8 - 0 0 0 2

1	248-0002
2	2 4 8 - 0 0 0 2
3	神奈川県鎌倉市二階堂 »

郵便番号から住所を入力したり、連続データを
かんたんに入力したり、上のセルと同じデータを
素早く入力したりして、効率的にデータを入力します。

姓だけを抜き出す

	A	B	C	D	E	F	G	
1	顧客番号	氏名	フリガナ	姓	性別	生年月日	郵便番号	
2	0001	川端　靖幸	カワバタ　ヤスユキ	川端	男性	1972/6/14	248-0002	神奈川
3	0002	津島　修一	ツシマ　シュウイチ	津島	男性	1948/6/19	181-0013	東京都
4	0003	谷崎　妙子	タニザキ　タエコ	谷崎	女性	1965/7/24	658-0052	兵庫県
5	0004	平岡　恭子	ヒラオカ　キョウコ	平岡	女性	1970/1/14	162-0842	東京都
6	0005	恩田　紗代	オンダ　サヨ	恩田	女性	1980/2/2	040-0001	北海道
7	0006	三浦　公平	ミウラ　コウヘイ	三浦	女性	1992/3/18	722-0011	広島県
8	0007	奥山　美菜	オクヤマ　ミナ	奥山	女性	1981/1/20	799-3121	愛媛県
9	0008	影山　涼	カゲヤマ　リョウ	影山	男性	1995/5/31	710-0833	岡山県
10	0009	内田　信輔	ウチダ　シンスケ	内田	男性	1962/5/9	329-3443	栃木県
11	0010	宇佐美　みのり	ウサミ　ミノリ	宇佐美	女性	1995/3/19	684-0023	鳥取県
12	0011	藤本　圭史	フジモト　ケイシ	藤本	男性	1973/7/7	385-0051	長野県
13	0012	吉野　千歌	ヨシノ　チカ	吉野	女性	1994/10/22	211-0063	神奈川
14	0013	森嶋　光希	モリシマ　コウキ	森嶋	男性	1992/6/22	920-0907	石川県

「フラッシュフィル」を利用し、
氏名の姓だけを抜き出します。

第5章 効率よく作成できるリストや名簿文書

161

Section 49 第5章・効率よく作成できるリストや名簿文書

「顧客番号」を「0001」と表示する

通常、セルに「0001」と入力すると、「1」と表示されてしまいます。入力したとおりに「0001」と表示されるようにするには、**セルの表示形式を＜文字列＞に変更**します。

1 表示形式を＜文字列＞にする

1 セル [A2] をクリックして選択し、

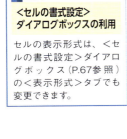

2 ＜ホーム＞タブの＜表示形式＞のここをクリックして、

Memo
＜セルの書式設定＞ダイアログボックスの利用

セルの表示形式は、＜セルの書式設定＞ダイアログボックス（P.67参照）の＜表示形式＞タブでも変更できます。

3 ＜文字列＞をクリックすると、表示形式が変更されます。

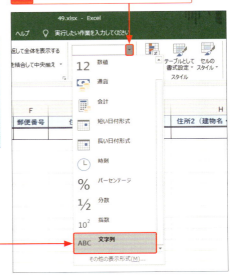

2 「0001」と表示されるか確認する

1 「0001」と入力して、

	A	B	C	D
1	顧客番号	氏名	フリガナ	性別
2	0001			
3				

Memo
表示形式が＜文字列＞の数値は計算できない

表示形式を＜文字列＞にした場合は、数値を入力しても計算はできなくなるので、注意が必要です。

2 Enter を押すと、

	A	B	C	D
1	顧客番号	氏名	フリガナ	性別
2	0001			
3				

3 「0001」と表示されます。

Hint
セルの左上に緑の三角が表示される？

セルの表示形式を＜文字列＞に設定してから、数値を入力すると、セルの左上に緑色の三角形が表示される場合があります。これは、数値が文字列として保存されているときに表示されるエラーです。この章では、このままでも問題ありませんが、エラーが気になる場合は、エラーを非表示にすることができます。

エラーが表示されているセルをクリックして、🔻 をクリックし、＜エラーを無視する＞をクリックすると、そのエラーが非表示になります。また、右の手順に従ってExcelの設定を変更すると、それ以降は、すべてのExcelファイルで同じ内容のエラーは表示されなくなります。

1 ここをクリックして、

2 ＜エラーチェックオプション＞をクリックし、

3 ＜文字列形式の数値、またはアポストロフィで始まる数値＞をオフにして、

4 ＜OK＞をクリックします。

第5章 効率よく作成できるリストや名簿文書

163

Section 50　第5章・効率よく作成できるリストや名簿文書

ふりがなを自動表示する

ふりがなは、1件ずつ入力しなくても、「PHONETIC関数」を利用すれば、別のセルに自動的に表示させることができます。ふりがなは、漢字を入力したときの読みが表示されますが、編集も可能です。

1 ふりがなが表示されるようにする

Memo

PHONETIC関数

「PHONETIC関数」は、指定した範囲の文字から、ふりがなを抽出する関数です。引数「範囲」には、ふりがなの元となる文字列が入力されているセルを指定します。

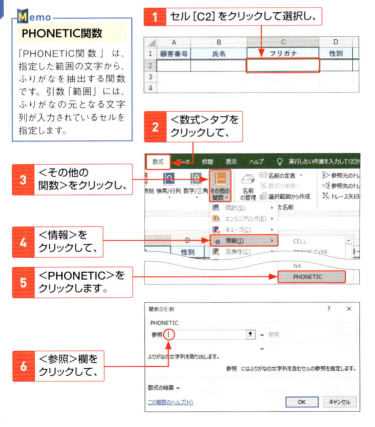

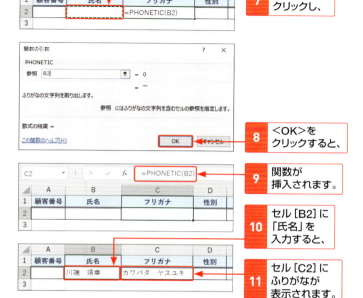

Hint

ふりがなを修正するには？

PHONETIC関数で表示されたふりがなを修正するには、ふりがなの元になっている文字が入力されているセルをクリックして選択し、＜ホーム＞タブの＜ふりがなの表示/非表示＞の をクリックして、＜ふりがなの編集＞をクリックします。漢字の上にふりがなが表示されるので、修正します。

StepUp

ふりがなをひらがなで表示する

ふりがなをひらがなで表示する場合は、ふりがなの元になる文字が入力されているセルをクリックして選択し、＜ホーム＞タブの＜ふりがなの表示/非表示＞の をクリックして、＜ふりがなの設定＞をクリックします。右図が表示されるので、＜ひらがな＞をクリックします。

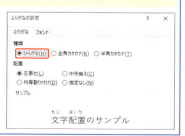

第5章 効率よく作成できるリストや名簿文書

165

Section 51 第5章・効率よく作成できるリストや名簿文書

性別を「男性」「女性」で選択する

「性別」欄は、**ドロップダウンリスト**で「男性」または「女性」から選択できるようにすると、データの入力を効率化できます。ドロップダウンリストを設定するには、**<データの入力規則>**を利用します。

1 データの入力規則を設定する

1 セル[D2]をクリックして選択し、

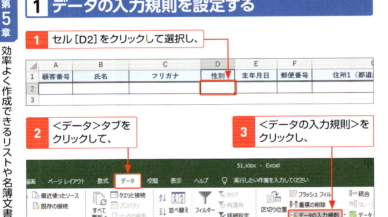

2 <データ>タブをクリックして、

3 <データの入力規則>をクリックし、

4 <設定>をクリックして、

5 ここをクリックし、

6 <リスト>をクリックします。

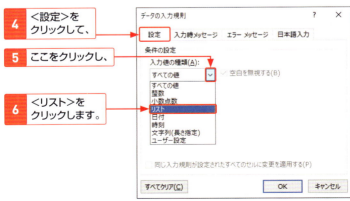

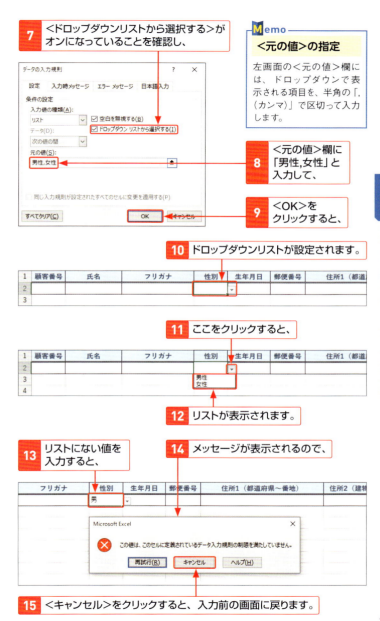

Section 52

第5章・効率よく作成できるリストや名簿文書

入力モードを自動的に切り替える

「顧客番号」は半角英数字で入力し、「氏名」は日本語で入力するといった場合に、入力モードをその都度切り替えるのは、手間がかかります。**入力モードをあらかじめ設定**しておくと、自動的に切り替わります。

1 入力規則で入力モードを設定する

1 セル [A2]、[E2:F2]、[I2] を Ctrl を押しながらクリックして選択し、

2 <データ>タブをクリックして、

3 <データの入力規則>をクリックし、

4 <日本語入力>をクリックして、

5 ここをクリックし、

6 <オフ(英語モード)>をクリックして、

7 <OK>をクリックします。

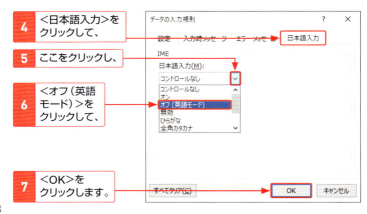

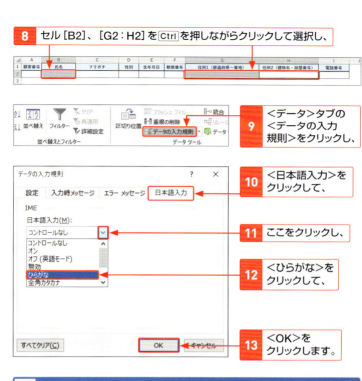

2 入力モードを確認する

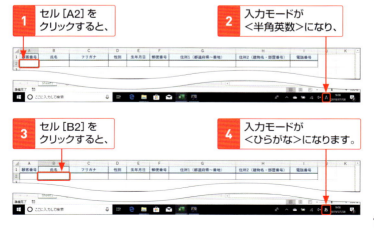

Section 53　第5章・効率よく作成できるリストや名簿文書

データを入力する

関数の入力と入力規則の設定が終わったら、**セルをコピー**して、他の行にも適用し、顧客の**データを入力**していきます。郵便番号を入力して変換すると、該当する住所をかんたんに入力できます。

1 関数と入力規則をコピーする

1 セル[A2:I2]をドラッグして選択し、

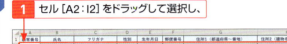

2 フィルハンドルにマウスポインターを合わせ、

3 セル[I41]までドラッグすると、

4 関数、入力規則、罫線がコピーされます。

2 郵便番号から住所を入力する

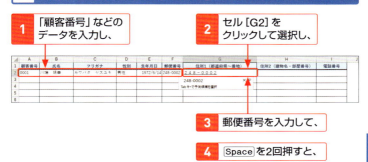

1. 「顧客番号」などのデータを入力し、
2. セル[G2]をクリックして選択し、
3. 郵便番号を入力して、
4. [Space]を2回押すと、

5. 変換候補に住所が表示されるので、クリックすると、
6. 住所が入力されます。

7. 続けてデータを入力します。

Memo

住所の入力

全角で郵便番号を入力して、[Space]を2回押すと、入力した郵便番号に該当する住所が、変換候補に表示されます。

Memo

アクティブセルの移動

既定では、[Tab]を押すと、アクティブセルが右に移動します。[Tab]を押して右方向に移動して入力し、最後の「電話番号」を入力した後、[Enter]を押すと、次の行の「顧客番号」のセルに移動します。

171

Section 54

第5章・効率よく作成できるリストや名簿文書

連続データを
かんたんに入力する

「顧客番号」は「0001、0002、0003…」と連続した数値になるので、あらかじめ入力しておきます。連続したデータは、「オートフィル」を利用すると、かんたんに素早く入力できます。

1 オートフィルで連続した数値を入力する

1 セル[A2]をクリックして選択し、

2 フィルハンドルにマウスポインターを合わせて、

3 セル[A41]までドラッグすると、

Hint

数値がコピーされる場合は？

連続したデータを入力したいのに、セルがコピーされてしまう場合は、手順**3**の後に<オートフィルオプション>をクリックし、<連続データ>をクリックします。

1 <オートフィルオプション>をクリックして、

2 <連続データ>をクリックします。

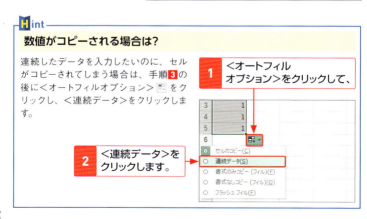

4 連続データが入力されます。

Memo
日付や曜日も入力できる

数値だけでなく、日付や曜日などもオートフィルで入力できます。

Memo
奇数の連続データの入力

「1、3、5…」の奇数や、「10、20、30…」といった10単位で増える数などの連続データを入力したい場合は、2つのセルに数値を入力した後、両方のセルを選択して、ドラッグします。

1 2つのセルに数値を入力して選択し、

2 フィルハンドルにマウスポインターを合わせて、

3 ドラッグすると、連続データが入力されます。

StepUp
大量の連続データを入力する

1から1000までなど、大量の連続データを入力する場合は、セルをドラッグしてコピーする方法では大変なので、<連続データ>ダイアログボックスを利用します。最初の値を入力したセルをクリックして選択し、<ホーム>タブの<フィル>をクリックして、<連続データの作成>をクリックすると、<連続データ>ダイアログボックスが表示されるので、<範囲>や<種類>、<増分値>、<停止値>を指定して、<OK>をクリックします。

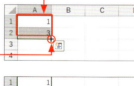

第5章 効率よく作成できるリストや名簿文書

173

Section 55 第5章・効率よく作成できるリストや名簿文書

上のセルと同じ文字を入力する

上のセルと同じデータを入力する場合は、**ショートカットキー**を利用すると、素早く入力できます。また、複数のセルに同じデータを入力するショートカットキーもあります。

1 上のセルと同じデータを入力する

1 セル [D3] をクリックして選択し、

	A	B	C	D	E	F	G
1	顧客番号	氏名	フリガナ	性別	生年月日	郵便番号	住所1（都道
2	0001	川端 靖幸	カワバタ ヤスユキ	男性	1972/6/14	248-0002	神奈川県鎌倉市二階
3	0002	津島 修一	ツシマ シュウイチ				
4	0003						
5	0004						
6	0005						
7	0006						

2 Ctrl を押しながら D を押すと、

	A	B	C	D	E	F	G
1	顧客番号	氏名	フリガナ	性別	生年月日	郵便番号	住所1（都道
2	0001	川端 靖幸	カワバタ ヤスユキ	男性	1972/6/14	248-0002	神奈川県鎌倉市二階
3	0002	津島 修一	ツシマ シュウイチ	男性			
4	0003						
5	0004						
6	0005						
7	0006						

3 上のセルと同じデータが入力されます。

Memo

数式や関数もコピーできる

上の手順と同様の方法で、上のセルに入力されている数式や関数もコピーすることができます。

StepUp

複数のセルに同じデータを入力する

複数のセルに、同じデータを効率よく入力するには、右の手順に従います。この場合、セルは隣接していなくてもかまいません。

1. 同じデータを入力する複数のセルを選択し、
2. データを入力して、
3. Ctrlを押しながらEnterを押すと、
4. 選択したセルに同じデータが入力されます。

第5章 効率よく作成できるリストや名簿文書

Section 56

第5章・効率よく作成できるリストや名簿文書

名前の姓だけの列を かんたんに作成する

1つのセルに入力した氏名を、後から姓と名でセルを分ける必要があるときは、「フラッシュフィル」を利用すると、かんたんに行うことができます。

1 氏名から姓だけを抜き出す

1 列[C]の右側に、姓を入力するための列を追加し、

	A	B	C	D	E	F	G	
1	顧客番号	氏名	フリガナ	姓	性別	生年月日	郵便番号	
2	0001	川端 靖幸	カワバタ ヤスユキ		男性	1972/6/14	248-0002	神奈川
3	0002	津島 修一	ツシマ シュウイチ		男性	1948/6/19	181-0013	東京都
4	0003	谷崎 妙子	タニザキ タエコ		女性	1965/7/24	658-0052	兵庫県
5	0004	平岡 恭子	ヒラオカ キョウコ		女性	1970/1/14	162-0842	東京都
6	0005	恩田 紗代	オンダ サヨ		女性	1980/2/2	040-0001	北海道
7	0006	三浦 公平	ミウラ コウヘイ		女性	1992/3/18	722-0011	広島県

2 セル[D2]をクリックして選択し、姓の「川端」を入力して Enter を押します。

	A	B	C	D	E	F	G	
1	顧客番号	氏名	フリガナ	姓	性別	生年月日	郵便番号	
2	0001	川端 靖幸	カワバタ ヤスユキ	川端	男性	1972/6/14	248-0002	神奈川
3	0002	津島 修一	ツシマ シュウイチ		男性	1948/6/19	181-0013	東京都
4	0003	谷崎 妙子	タニザキ タエコ		女性	1965/7/24	658-0052	兵庫県
5	0004	平岡 恭子	ヒラオカ キョウコ		女性	1970/1/14	162-0842	東京都
6	0005	恩田 紗代	オンダ サヨ		女性	1980/2/2	040-0001	北海道
7	0006	三浦 公平	ミウラ コウヘイ		女性	1992/3/18	722-0011	広島県

Keyword

フラッシュフィル

「フラッシュフィル」は、いくつかデータを入力すると、そのデータのパターンに基づいて他のデータを自動的に入力する機能です。ここでは「氏名」欄にスペースで姓と名を区切って入力した氏名を、別の列に姓だけ抜き出していますが、別々のセルに姓と名を分けて入力した氏名を、1つのセルに入力するときにも利用できます。

	A	B	C	D	E	F	G
1	顧客番号	氏名	フリガナ	姓	性別	生年月日	郵便番号
2	0001	川端 靖幸	カワバタ ヤスユキ	川端	男性	1972/6/14	248-0002	神奈川
3	0002	津島 修一	ツシマ シュウイチ		男性	1948/6/19	181-0013	東京都
4	0003	谷崎 妙子	タニザキ タエコ		女性	1965/7/24	658-0052	兵庫県
5	0004	平岡 恭子	ヒラオカ キョウコ		女性	1970/1/14	162-0842	東京都
6	0005	恩田 紗代	オンダ サヨ		女性	1980/2/2	040-0001	北海道
7	0006	三浦 公平	ミウラ コウヘイ		女性	1992/3/18	722-0011	広島県
8	0007	奥山 美菜	オクヤマ ミナ		女性	1981/1/20	799-3121	愛媛県
9	0008	影山 涼	カゲヤマ リョウ		男性	1995/5/31	710-0833	岡山県

3 セル [D3] をクリックして選択し、

4 <データ>タブをクリックして、

5 <フラッシュフィル>をクリックすると、

	A	B	C	D	E	F	G
1	顧客番号	氏名	フリガナ	姓	性別	生年月日	郵便番号
2	0001	川端 靖幸	カワバタ ヤスユキ	川端	男性	1972/6/14	248-0002	神奈川
3	0002	津島 修一	ツシマ シュウイチ	津島	男性	1948/6/19	181-0013	東京都
4	0003	谷崎 妙子	タニザキ タエコ	谷崎	女性	1965/7/24	658-0052	兵庫県
5	0004	平岡 恭子	ヒラオカ キョウコ	平岡	女性	1970/1/14	162-0842	東京都
6	0005	恩田 紗代	オンダ サヨ	恩田	女性	1980/2/2	040-0001	北海道
7	0006	三浦 公平	ミウラ コウヘイ	三浦	女性	1992/3/18	722-0011	広島県
8	0007	奥山 美菜	オクヤマ ミナ	奥山	女性	1981/1/20	799-3121	愛媛県
9	0008	影山 涼	カゲヤマ リョウ	影山	男性	1995/5/31	710-0833	岡山県
10	0009	内田 信輔	ウチダ シンスケ	内田	男性	1962/5/9	329-3443	栃木県
11	0010	宇佐美 みのり	ウサミ ミノリ	宇佐美	女性	1995/3/19	684-0023	鳥取県
12	0011	藤本 圭史	フジモト ケイシ	藤本	男性	1973/7/7	385-0051	長野県
13	0012	吉野 千歌	ヨシノ チカ	吉野	女性	1994/10/22	211-0063	神奈川
14	0013	森嶋 光希	モリシマ コウキ	森嶋	男性	1992/6/22	920-0907	石川県
15	0014	中原 千春	ナカハラ チハル	中原	女性	1980/3/31	982-0835	宮城県
16	0015	鎌田 美鈴	カマタ ミスズ	鎌田	女性	1961/4/3	772-0051	徳島県
17	0016	松田 哲哉	マツダ テツヤ	松田	男性	1985/11/28	959-2604	新潟県

6 他のセルにも自動的に姓だけが抜き出されます。

Section 57　第5章・効率よく作成できるリストや名簿文書

重複データを削除する

名簿やリストで、**重複しているデータ**を1件ずつチェックするのは手間がかかります。＜データ＞タブの**＜重複の削除＞**を利用すると、かんたんに重複している行をまとめて削除することができます。

1 重複しているデータを削除する

1 表内のセルをクリックして選択し、

	A	B	C	D	E	F	G
1	顧客番号	氏名	フリガナ	性別	生年月日	郵便番号	住所1（都道
2	0001	川端 靖幸	カワバタ ヤスユキ	男性	1972/6/14	248-0002	神奈川県鎌倉市二階
3	0002	津島 修一	ツシマ シュウイチ	男性	1948/6/31	181-0013	東京都三鷹市下連雀
4	0003	谷崎 妙子	タニザキ タエコ	女性	1965/7/24	658-0052	兵庫県神戸市東瀬江
5	0004	平岡 恭子	ヒラオカ キョウコ	女性	1970/1/14	162-0842	東京都新宿区市谷
6	0005	恩田 紗代	オンダ サヨ	女性	1980/2/2	040-0001	北海道函館市五稜男
7	0006	三浦 公平	ミウラ コウヘイ	男性	1992/3/18	722-0011	広島県尾道市桜町9
8	0007	奥山 美菜	オクヤマ ミナ	女性	1981/1/20	799-3121	愛媛県伊予市稲荷9
9	0008	影山 涼	カゲヤマ リョウ	男性	1995/5/31	710-0833	岡山県倉敷市西中年
10	0009	内田 信輔	ウチダ シンスケ	男性	1962/5/9	329-3443	栃木県那須郡那須里
11	0010	宇佐美 みのり	ウサミ ミノリ	女性	1995/3/19	684-0023	鳥取県境港市京町9
12	0011	藤本 圭史	フジモト ケイシ	男性	1973/7/7	385-0051	長野県佐久市中込9
13	0012	平岡 恭子	ヒラオカ キョウコ	女性	1970/1/14	162-0842	東京都新宿区市谷
14	0013	森嶋 光希	モリシマ コウキ	男性	1992/6/22	920-0907	石川県金沢市春草田
15	0014	中原 千春	ナカハラ チハル	女性	1980/3/31	982-0835	宮城県仙台市太白日
16	0015	鎌田 美鈴	カマタ ミスズ	女性	1961/4/3	772-0051	徳島県鳴門市鳴門日

データが重複しています。

2 ＜データ＞タブをクリックして、

3 ＜重複の削除＞をクリックします。

178

4 <顧客番号>をオフにして、

5 <先頭行をデータの見出しとして使用する>がオンになっていることを確認し、

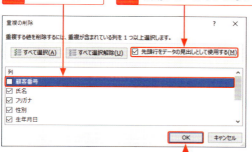

6 <OK>をクリックすると、

7 重複データが削除され、メッセージが表示されるので、

8 <OK>をクリックすると、

9 データが削除されていることを確認できます。

	A	B	C	D	E	F	G
1	顧客番号	氏名	フリガナ	性別	生年月日	郵便番号	住所1（都道
2	0001	川端 靖幸	カワバタ ヤスユキ	男性	1972/6/14	248-0002	神奈川県鎌倉市二階
3	0002	津島 修一	ツシマ シュウイチ	男性	1948/6/19	181-0013	東京都三鷹市下連省
4	0003	谷崎 妙子	タニザキ タエコ	女性	1965/7/24	658-0052	兵庫県神戸市東灘区
5	0004	平岡 恭子	ヒラオカ キョウコ	女性	1970/1/14	162-0842	東京都新宿区市谷砂
6	0005	恩田 紗代	オンダ サヨ	女性	1980/2/2	040-0001	北海道函館市五稜郭
7	0006	三浦 公平	ミウラ コウヘイ	女性	1992/3/18	722-0011	広島県尾道市桜町9
8	0007	奥山 美菜	オクヤマ ミナ	女性	1981/1/20	799-3121	愛媛県伊予市稲荷9
9	0008	影山 涼	カゲヤマ リョウ	男性	1995/5/31	710-0833	岡山県倉敷市西中新
10	0009	内田 信輔	ウチダ シンスケ	男性	1962/5/9	329-3443	栃木県那須郡那須町
11	0010	宇佐美 みのり	ウサミ ミノリ	女性	1995/3/19	684-0023	鳥取県境港市京町9
12	0011	藤本 圭史	フジモト ケイシ	男性	1973/7/7	385-0051	長野県佐久市中込9
13	0013	森嶋 光希	モリシマ コウキ	男性	1992/6/22	920-0907	石川県金沢市青草町
14	0014	中原 千春	ナカハラ チハル	女性	1980/3/31	982-0835	宮城県仙台市太白区
15	0015	鎌田 美鈴	カマタ ミスズ	女性	1961/4/3	772-0051	徳島県鳴門市鳴門町
16	0016	松田 哲哉	マツダ テツヤ	男性	1985/11/28	959-2604	新潟県胎内市大出9

Section 58

第5章・効率よく作成できるリストや名簿文書

表の見出しを固定する

横や縦に長い表は、スクロールすると、表の見出しが見えなくなってしまい不便です。「ウィンドウ枠の固定」を利用して、表の見出しの行や列を固定すると、スクロールしても常に見出しが表示されます。

1 先頭行を固定する

1 <表示>タブをクリックして、

2 <ウィンドウ枠の固定>をクリックし、

3 <先頭行の固定>をクリックすると、

4 先頭行が固定され、

5 行[2]以降をスクロールできます。

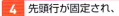

2 行と列を同時に固定する

先頭行を固定している場合（左頁参照）は、
次頁の「Hint」を参照して、固定を解除します。

1 固定したい行と列の右下にある
セルをクリックして選択し、

2 <表示>タブを
クリックして、

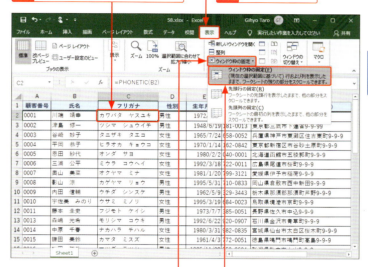

3 <ウィンドウ枠の
固定>をクリックし、

4 <ウィンドウ枠の
固定>をクリックすると、

emo

行と列の固定

行と列を同時に固定する場合は、固定する行と列を除いた先頭のセルをクリックし、境界線の位置を指定します。上の手順では、行［1］と列［A：B］を固定するので、手順 **1** でセル［C2］をクリックしています。なお、上の手順では、表示をわかりやすくするために、ウィンドウの幅を狭くしています。

Hint

先頭列を固定するには？

先頭列を固定するには、<表示>タブの<ウィンドウ枠の固定>をクリックして、
<先頭列の固定>をクリックします。

181

5 行 [1] と列 [A:B] が固定され、

	A	B	C	D	E	F	G
1	顧客番号	氏名	フリガナ	性別	生年月日	郵便番号	住所1（都道府県〜番地）
2	0001	川端 晴幸	カワバタ ヤスユキ	男性	1972/6/14	248-0002	神奈川県鎌倉市二階堂9-9-9
3	0002	津島 修一	ツシマ シュウイチ	男性	1948/6/19	181-0013	東京都三鷹市下連雀9-9-99
4	0003	谷崎 妙子	タニザキ タエコ	女性	1965/7/24	658-0052	兵庫県神戸市東灘区住吉東町9-9-9
5	0004	平岡 恭子	ヒラオカ キョウコ	女性	1970/1/14	162-0842	東京都新宿区市谷砂土原町9-9-9
6	0005	恩田 紗代	オンダ サミ	女性	1980/2/2	040-0001	北海道函館市五稜郭町9-9-9
7	0006	三浦 公平	ミウラ コウヘイ	男性	1992/3/18	722-0011	広島県尾道市西久保町9-9-9
8	0007	奥山 美菜	オクヤマ ミナ	女性	1981/1/20	799-3121	愛媛県伊予市稲荷9-9-9
9	0008	影山 涼	カゲヤマ リョウ	男性	1995/5/31	710-0833	岡山県倉敷市西中新田9-9-9
10	0009	内田 信輔	ウチダ シンスケ	男性	1962/5/9	329-3443	栃木県那須郡那須町芦野9-9-9
11	0010	宇佐美 みのり	ウサミ ミノリ	女性	1995/3/19	684-0023	鳥取県境港市栄町9-9-9
12	0011	藤本 圭史	フジモト ケイシ	男性	1973/7/7	385-0051	長野県佐久市中込9-9-9
13	0013	森嶋 光希	モリシマ ニウキ	男性	1992/6/22	920-0907	石川県金沢市青草町9-9-9
14	0014	中原 千春	ナカハラ チハル	女性	1980/3/31	982-0835	宮城県仙台市太白区桜木町9-9-9

6 行 [2] 以降と列 [C] 以降をスクロールできます。

	A	B	G	H	I	J
1	顧客番号	氏名	住所1（都道府県〜番地）	住所2（建物名・部屋番号）	電話番号	
11	0010	宇佐美 みのり	鳥取県境港市栄町9-9-9		0859-44-9999	
12	0011	藤本 圭史	長野県佐久市中込9-9-9		0267-62-9999	
13	0013	森嶋 光希	石川県金沢市青草町9-9-9		076-232-9999	
14	0014	中原 千春	宮城県仙台市太白区桜木町9-9-9		022-206-9999	
15	0015	鎌田 美鈴	徳島県鳴門市鳴門町高島9-9-9		088-687-1119	
16	0016	松田 哲哉	新潟県胎内市大出9-9-9		0254-46-9999	
17	0017	徳田 有里	沖縄県石垣市白保9-9-9		0980-86-9999	
18	0018	市川 孝志	福井県鯖江市漆原町9-9-9		0778-62-9999	
19	0019	田中 祐也	京都府京丹後市大宮町三坂9-9-9		0772-64-9999	
20	0020	高田 康江	埼玉県さいたま市大宮区吉敷町9-9-9	新都心レジデンス909	048-643-9999	
21	0021	広本 研吾	福岡県糸島市有田9-9-9		092-324-0425	
22	0022	若林 美和	福島県会津若松市飯盛9-9-9		0242-28-9999	
23	0023	石川 健太郎	秋田県大館市館下9-9-9		0186-42-9999	
24	0024	太田 美帆	香川県小豆郡土庄町屋形崎9-9-9		0879-65-9999	

Hint

ウィンドウ枠の固定を解除するには？

ウィンドウ枠の固定を解除するには、<表示>タブの<ウィンドウ枠の固定>をクリックし、<ウィンドウ枠固定の解除>をクリックします。

1 <表示>タブをクリックして、

2 <ウィンドウ枠の固定>をクリックし、

3 <ウィンドウ枠の固定の解除>をクリックします。

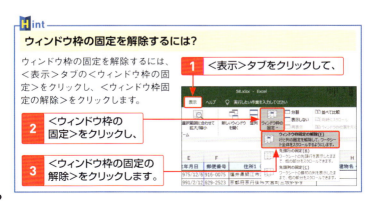

第6章

思い通りに仕上げる
Excel文書の印刷

Section	59	表を拡大して印刷する
	60	表を用紙の中央に印刷する
	61	改ページ位置を指定する
	62	2ページ目以降にも表の見出しを印刷する
	63	文書の一部だけを印刷する
	64	ヘッダー・フッターに日付などを表示する
	65	余白を調整する

Section 59 表を拡大して印刷する

第6章・思い通りに仕上げるExcel文書の印刷

表が小さいときは、**拡大して印刷**すると、見やすくなります。＜ページ設定＞ダイアログボックスの＜ページ＞タブでは、**印刷の倍率を指定**して印刷することができます。

1 倍率を指定して拡大印刷する

1 ＜ファイル＞タブの＜印刷＞をクリックして、

2 ここをクリックし、

3 ＜拡大縮小オプション＞をクリックします。

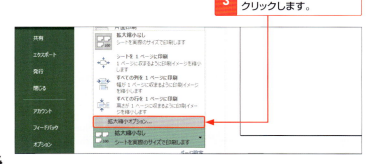

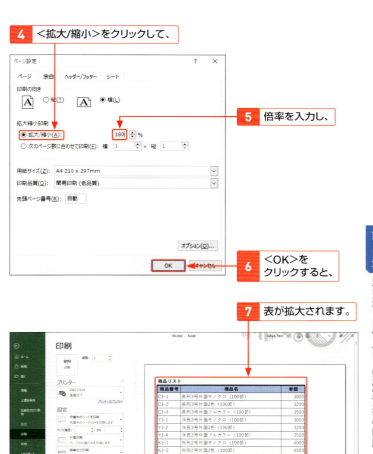

Hint

縮小して印刷するには?

表を縮小して印刷するには、<ページ設定>ダイアログボックスの<拡大/縮小>欄に、100より小さい数値を入力します。

Section 60 第6章・思い通りに仕上げるExcel文書の印刷

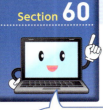

表を用紙の中央に印刷する

表を印刷すると、通常は用紙の左上に配置されます。表の見た目のバランスが悪いときは、表を**用紙の左右中央**に配置したり、**上下中央**に配置したりすることができます。

1 ページの中央に印刷する

1 <ファイル>タブの<印刷>をクリックして、

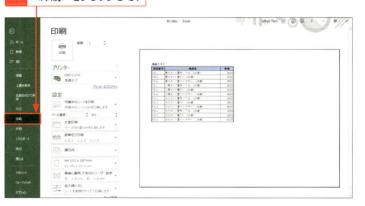

2 <ページ設定>をクリックします。

Memo

<ページ設定>ダイアログボックスの表示

<ページ設定>ダイアログボックスは、<ページレイアウト>タブの<ページ設定>グループのダイアログボックス起動ツール をクリックしても、表示することができます。

3 <余白>をクリックして、

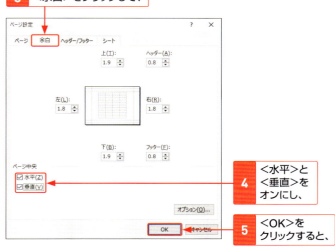

4 <水平>と<垂直>をオンにし、

5 <OK>をクリックすると、

6 表が用紙の上下左右中央に配置されます。

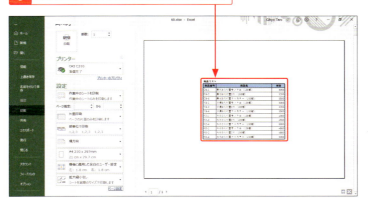

第6章 思い通りに仕上げるExcel文書の印刷

Memo

ページの中央に配置

<ページ設定>ダイアログボックスの<余白>タブの<水平>をオンにすると、表が用紙の左右中央に配置されます。また、<垂直>をオンにすると、表が用紙の上下中央に配置されます。

187

Section 61　第6章・思い通りに仕上げるExcel文書の印刷

改ページ位置を指定する

複数ページの文書を印刷するときには、**改ページプレビュー表示**に切り替えて、**改ページの位置**を確認しましょう。必要に応じて改ページ位置を変更することができます。

1 改ページプレビューに切り替える

1 ＜表示＞タブをクリックして、

2 ＜改ページプレビュー＞をクリックすると、

3 改ページプレビューに切り替わります。

印刷される領域の境界線を示します。

印刷されない領域です。

自動的に挿入された改ページを示します。

2 改ページ位置を変更する

1 改ページを示す線にマウスポインターを合わせ、

2 ドラッグすると、

3 改ページの位置が変わります。

Memo

破線が実線に変わる

自動的に挿入されている改ページ位置は青の破線で表示されますが、この改ページ位置を変更すると、表示が青の実線に変わります。

第6章 思い通りに仕上げるExcel文書の印刷

3 改ページを挿入する

1 改ページを挿入する下の行の左端のセルをクリックして選択し、

2 <ページレイアウト>タブをクリックして、

3 <改ページ>をクリックし、

4 <改ページの挿入>をクリックすると、

5 改ページが挿入されます。

Hint

印刷範囲を変更するには？

改ページプレビューでは、印刷されない領域はグレーで表示されます。印刷範囲を変更するには、グレーの部分との区切りの青い線をドラッグします。

ドラッグします。

4 改ページを解除する

1 改ページの位置の下のセルをクリックして選択し、

2 <ページレイアウト>タブをクリックして、

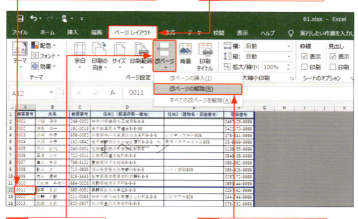

3 <改ページ>をクリックし、

4 <改ページの解除>をクリックすると、

5 改ページが解除されます。

Hint

設定した改ページを解除するには?

設定した改ページを解除するには、<ページレイアウト>タブの<改ページ>をクリックし、<すべての改ページを解除>をクリックします。

Hint

標準表示に戻すには?

改ページプレビュー表示から標準表示に戻すには、<表示>タブの<標準>をクリックします。

Section 62 　第6章・思い通りに仕上げるExcel文書の印刷

2ページ目以降にも表の見出しを印刷する

縦や横に長い表を印刷すると、複数ページになることがあります。このとき、「印刷タイトル」として、表の見出しの行や列を指定しておくと、各ページに見出しが印刷され、見やすくなります。

1 印刷タイトルを設定する

1 <ページレイアウト>タブをクリックして、

2 <印刷タイトル>をクリックし、

Memo

印刷タイトルの設定

「印刷タイトル」とは、複数ページにわたる表を印刷するときに、すべてのページに表の見出しとして印刷する部分のことです。表の上に印刷するタイトルを「タイトル行」、表の左側に印刷するタイトルを「タイトル列」といいます。

3 <タイトル行>欄をクリックします。

Hint

印刷タイトルを設定できない?

印刷画面から<ページ設定>ダイアログボックスを表示した場合は、<タイトル行>と<タイトル列>欄がグレー表示となり、設定できません。この場合は、一度ダイアログボックスを閉じてから、改めて設定を行います。

4 見出しにする行番号をクリックして、

5 指定された行範囲を確認し、

6 <OK>をクリックします。

7 印刷プレビューを表示すると、2ページ目以降も見出しが表示されています。

Hint
複数の行を指定するには?

複数の行をタイトル行に指定するには、目的の行をドラッグして選択します。

Hint
タイトル列を設定するには?

タイトル列を設定するには、前頁手順**3**で<タイトル列>欄をクリックし、シートで目的の列番号をクリックします。

第6章 思い通りに仕上げるExcel文書の印刷

193

Section 63 第6章・思い通りに仕上げるExcel文書の印刷

文書の一部だけを印刷する

文書の一部だけを印刷したい場合は、**印刷範囲を設定**したり、**選択した部分だけを印刷**するよう設定したりすることができます。また、ページ数で、印刷する**ページ範囲を指定**することも可能です。

1 印刷範囲を設定する

1 印刷する範囲をドラッグして選択し、

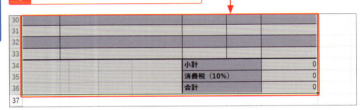

2 <ページレイアウト>タブをクリックして、

3 <印刷範囲>をクリックし、

4 <印刷範囲の設定>をクリックすると、

Memo

印刷範囲の追加

印刷範囲を設定した状態で、セル範囲を選択し、<ページレイアウト>タブの<印刷範囲>をクリックして、<印刷範囲に追加>をクリックすると、印刷範囲を追加することができます。

5 印刷範囲が設定されます。

印刷範囲を示す線が表示されます。

2 印刷範囲を解除する

1 <ページレイアウト>タブをクリックして、

2 <印刷範囲>をクリックし、

3 <印刷範囲のクリア>をクリックすると、

4 印刷範囲が解除されます。

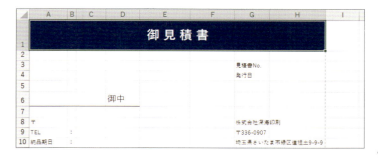

3 選択した部分だけを印刷する

1 印刷する範囲をドラッグして選択し、

2 <ファイル>タブをクリックして、

3 <印刷>をクリックし、

4 ここをクリックして、

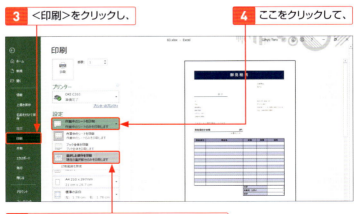

5 <選択した部分を印刷>をクリックすると、

6 選択範囲が表示されます。

4 指定したページだけを印刷する

1 <ファイル>タブの<印刷>をクリックして、

2 <ページ指定>欄に印刷する最初と最後のページを入力します。

Section 64　第6章・思い通りに仕上げるExcel文書の印刷

ヘッダー・フッターに日付などを表示する

文書を印刷するときは、**日付**や**ページ番号**などを入れておきましょう。**「ヘッダー・フッター」を利用すると、すべてのページの余白に**印刷することができます。

1 ページレイアウト表示に切り替える

1 <表示>タブをクリックして、

2 <ページレイアウト>をクリックすると、

3 ページレイアウト表示に切り替わります。

K eyword

ヘッダー・フッター

「ヘッダー」とは、用紙上部の余白に印刷される日付やファイル名などの情報のことです。また、用紙下部の余白に印刷される情報のことを「フッター」といいます。

2 ヘッダーを編集する

1 ヘッダーの左側の領域をクリックして、カーソルを表示し、

2 <ヘッダーとフッター>タブをクリックして、

3 <現在の日付>をクリックすると、

4 日付が挿入されます。

5 ヘッダーの中央の領域をクリックして、

6 文字を入力します。

Memo

ヘッダーとフッターの編集

Excelでは、ヘッダーとフッターは、それぞれ左・中央・右の3つの領域に分かれています。それぞれの領域をクリックして、カーソルを表示させると、編集することができます。また、ヘッダー・フッターの文字列は、＜ホーム＞タブを利用して、フォントの色や種類などを変更することができます。

Memo

＜ヘッダー/フッター要素＞グループの利用

＜ヘッダーとフッター＞タブの＜ヘッダー/フッター要素＞グループの各コマンドは、クリックするだけで、ファイル名や日付などの要素をかんたんに挿入できます。

3 フッターを編集する

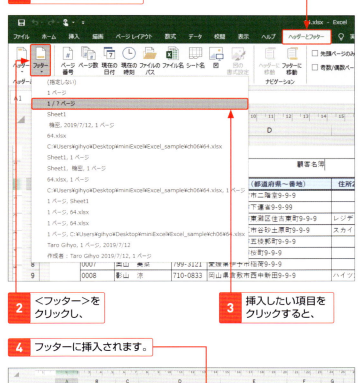

1. <ヘッダーとフッター>タブをクリックして、
2. <フッター>をクリックし、
3. 挿入したい項目をクリックすると、
4. フッターに挿入されます。

第6章 思い通りに仕上げるExcel文書の印刷

Hint

画像を挿入するには?

ヘッダー・フッターには、文字だけでなく、会社のロゴなどの画像を挿入することもできます。<ヘッダーとフッター>タブの<図>をクリックすると、<画像の挿入>画面(P.82参照)が表示されるので、目的の画像を挿入します。

Section 65　第6章・思い通りに仕上げるExcel文書の印刷

余白を調整する

余白を調整するには、印刷プレビューで余白を表示し、余白を示す線をドラッグします。また、＜ページ設定＞ダイアログボックスでも、数値を入力して余白を指定することができます。

1 印刷プレビューで余白を調整する

1 ＜ファイル＞タブの＜印刷＞をクリックし、

2 ＜余白の表示＞をクリックすると、

3 余白を示す線が表示されます。

4 この線にマウスポインターを合わせ、

5 ドラッグすると、

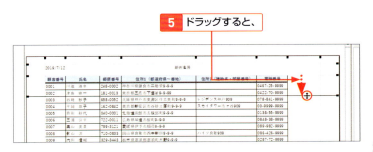

6 上の余白の位置が変わります。

7 この線にマウスポインターを合わせ、

8 ドラッグすると、

9 ヘッダーの位置が変わります。

2 <ページ設定>ダイアログボックスで余白を調整する

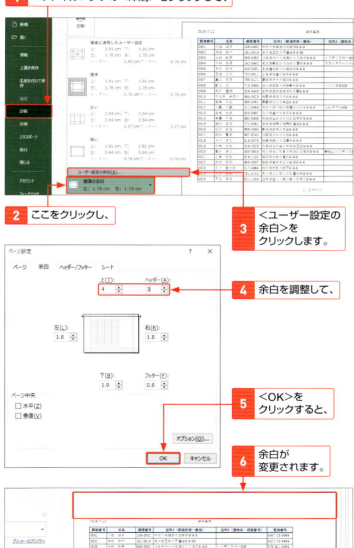

INDEX 索引

記号・アルファベット

#N/A	133
PDF	56
SmartArt	104

あ行

暗号化	156
色の設定	75
印刷	58,184
印刷タイトル	192
印刷の向き	28
印刷範囲	190,194
印刷プレビュー	58
ウィンドウ枠の固定	180
上詰め	47
上書き保存	54
エラー	134,163
エラーメッセージ	145,147
オートフィル	39,172
オートフィルオプション	118,133,172
オプションボタン	153
折り返して全体を表示する	36
オンライン画像	83

か行

改行	37
<開発>タブ	149
改ページ	188
書き込みパスワード	157
拡大印刷	184
拡張子	55
重なり順	89
画像	82
関数	65
記号	94
行間	44

行の高さ	35,46
切り上げ	126
切り捨て	124
均等割り付け	42,45,47
クイック分析	96
グラフ	96
グラフ要素	103
グループボックス	149,152
罫線	70
罫線の色	72
桁区切り	138
桁数	127
合計	120
コピー	39,117,133,170,174
コンボボックス	150

さ行

サイズ	28
算術演算子	115
シートの保護	142
四捨五入	125
下詰め	47
住所	171
縮小して印刷	185
上下中央揃え	69
白黒印刷	59
数式	114
数式バー	116
スタイル	88
図表	104
絶対参照	119
セル参照	116
セルの結合	32
セルの塗りつぶしの色	74
セルのロック	141
セル番地	116

先頭行の固定································ 180

た行

タイトル行··························	192
縦書き··························	68
チェックボックス··················	154
中央揃え··························	43,47
重複の削除························	178
データラベル······················	102
テーマ··························	108
テキストボックス··················	90
テンプレート····················	76
特殊文字························	94
トリミング······················	85
ドロップダウンリスト···············	150,161

な行

名前を付けて保存················	54
入力規則············	144,146,166,168
入力時メッセージ·················	146
入力モード······················	168
塗りつぶしの色··················	74

は行

配色···························	108
配置······················	42,44,47,69
パスワード······················	142
パスワードを使用して暗号化··········	156
引数··························	65
日付··········	30,50,64,66,144,199
表示形式···········	50,66,139,162
表の見出し······················	180
フィルハンドル····	39,117,132,170,172
フォームコントロール···············	149
フォント······················	48,79
フォントサイズ···················	49,79,93

フォントの色·····················	80,92
フォントパターン·················	110
ブックの保護··················	143,156
フッター························	198
太字··························	49
フラッシュフィル·················	176
ふりがな························	164
ヘッダー························	198
保存························	54,56,76

ま行

右揃え··························	53
メッセージ··················	145,146
文字の輪郭······················	81
モノクロで印刷···················	59

や行

郵便番号························	171
用紙サイズ······················	28
曜日··························	51
余白··························	202

ら行

リスト··························	166
両端揃え························	47
列の幅··························	40
連続データ······················	172

わ行

ワークシート全体を選択·············	48
ワードアート····················	78
和暦··························	50

■ お問い合わせの例

FAX

1 お名前
技評 太郎

2 返信先の住所またはFAX番号
03-××××-××××

3 書名
今すぐ使えるかんたんmini
Excel文書作成 基本＆便利技
[Excel 2019/2016/2013/
Office 365対応版]

4 本書の該当ページ
192ページ

5 ご使用のOSとソフトウェアのバージョン
Windows 10 Pro
Excel 2019

6 ご質問内容
手順3でタイトル行を設定できない

今すぐ使えるかんたんmini
Excel文書作成 基本＆便利技
[Excel 2019/2016/2013/
Office 365対応版]

2019年12月10日 初版 第1刷発行

著者●稲村 暢子
発行者●片岡 巌
発行所●株式会社 技術評論社
　　　　東京都新宿区市谷左内町21-13
　　　　電話 03-3513-6150 販売促進部
　　　　　　　03-3513-6160 書籍編集部
装丁●田邉 恵里香
本文デザイン●リンクアップ
DTP●稲村 暢子
編集●宮崎 主哉
製本／印刷●図書印刷株式会社

定価はカバーに表示してあります。

落丁・乱丁がございましたら、弊社販売促進部までお送りください。交換いたします。
本書の一部または全部を著作権法の定める範囲を超え、無断で複写、複製、転載、テープ化、ファイルに落とすことを禁じます。

©2019 技術評論社

ISBN978-4-297-10915-8 C3055

Printed in Japan

お問い合わせについて

本書に関するご質問については、本書に記載されている内容に関するもののみとさせていただきます。本書の内容と関係のないご質問につきましては、一切お答えできませんので、あらかじめご了承ください。また、電話でのご質問は受け付けておりませんので、必ずFAXか書面にて下記までお送りください。
なお、ご質問の際には、必ず以下の項目を明記していただきますようお願いいたします。

1 お名前
2 返信先の住所またはFAX番号
3 書名
　　（今すぐ使えるかんたんmini
　　Excel文書作成 基本＆便利技 [Excel
　　2019/2016/2013/Office 365対応版]）
4 本書の該当ページ
5 ご使用のOSとソフトウェアのバージョン
6 ご質問内容

なお、お送りいただいたご質問には、できる限り迅速にお答えできるよう努力いたしておりますが、場合によってはお答えするまでに時間がかかることがあります。また、回答の期日をご指定なさっても、ご希望にお応えできるとは限りません。あらかじめご了承ください。お願いいたします。
ご質問の際に記載いただきました個人情報は、回答後速やかに破棄させていただきます。

問い合わせ先

〒162-0846
東京都新宿区市谷左内町21-13
株式会社技術評論社　書籍編集部
「今すぐ使えるかんたんmini
Excel文書作成 基本＆便利技
[Excel 2019/2016/2013/Office 365
対応版]」質問係

FAX番号 03-3513-6167

URL：http://book.gihyo.jp/116